THE
KINFOLK
GARDEN

THE
KINFOLK
GARDEN

킨 포 크 가 든

JOHN BURNS

자연의 기쁨을
삶에 들이는 시간

EDITOR IN CHIEF
존 번스

CREATIVE DIRECTOR
스태판 선드스트롬

EDITOR
해리엇 피치 리틀

PRODUCTION MANAGER
주자네 부흐 피터슨

EDITORIAL ASSISTANT
가브리엘레 델리산티

COVER PHOTOGRAPHY
졸탄 톰보르

BOOK DESIGN
스태판 선드스트롬 &
줄리 프로인트 폴센

ILLUSTRATIONS
암스테르담 국립박물관 제공

Selected Contributors

사라 블라이스

파리에서 활동하는 사진작가.
2019년 〈브리티시 저널 오브 포토그래피〉에서
주목할 만한 여성 작가상을 수상했다.

로드리고 카르무에가

패션과 인물사진을 전문으로 하는 사진작가.
부에노스아이레스에서 태어났고 2012년부터
런던에서 활동하고 있다.

졸탄 톰보르

뉴욕과 런던에서 활동하는 사진작가.
작품 중 일부는
헝가리사진박물관에 전시돼 있다.

로런 부드로

캘리포니아에서 태어나 코펜하겐에서 활동하는
플로리스트. 가까운 자연에서
디자인 아이디어와 재료를 얻는다.

알렉산더 울프

케이프타운에서 활동하는 사진작가.
〈뉴욕 타임즈〉, 〈보그 아라비아〉와 〈모노클〉 등에
사진을 게재했다.

대릴 청

〈하우스 플랜트 저널〉의 창립자.
『새로운 식물 부모The New Plant Parent』라는 책을 썼다.

멜리사 매빗

영국에서 활동하며 정원에 대한 글을 쓰는 작가.
영국왕립원예학회의
원예 전문가 자격증을 보유하고 있다.

에이미 메릭

여행작가이자 플로리스트.
『꽃에 대하여On Flowers』라는 책을 썼다.

"정원은 창작자의 의도를 넘어서 탄생하는 예술이다."

압데라자크 벤챠바네

CONTENTS

PART THREE

COMMUNITY

INTRODUCTION

들 어 가 며

우리는 자연을 돌보고, 자연은 우리를 돌본다. 우리는 서로를 돌보며 정서적 영감을 나눈다. 지구를 건강하게 하기 위해 우리 모두 노력해야 한다는 걸 생각하면, 개인이 행사하는 작은 돌봄은 커다란 의미를 갖는다. 돌봄은 자연과의 강렬한 연결을 만들고, 이것은 우리 삶의 질을 높인다. 자연을 지극히 사랑했던 미국의 수필가 헨리 데이비드 소로는 이렇게 썼다. "모든 걱정과 고됨이 자연의 원초적 힘 안에서 차분히 가라앉는 순간이 있다." 아시아에서는 산림욕(조용한 숲에서 가만히 명상하는 것)을 현대 질병을 치유하는 방법으로 활용하기도 한다. 이것이 생소하게 여겨진다면 우리가 공원을 지날 때 문득 느끼던 평화로움이나 메마른 식물에 물을 주며 회복되는 과정을 지켜볼 때의 감정을 떠올려보자. 산림욕 치유법은 자연에서 위로를 얻는 또 하나의 방법일 뿐이다.

이 책에는 자연의 풍요로움을 사랑하는 세계 곳곳의 사람들과 그들의 정원, 스튜디오, 커뮤니티에 관한 이야기가 담겨 있다. "식물을 돌보는 일은 자기를 돌보는 법을 배우는 가장 좋은 길이에요." 암스테르담의 원예사 모나이 나일라 매컬로는 이렇게 말한다. 케이프타운에서 50분 남짓 떨어진 곳에 자리한 바빌론스토렌 농장의 대표 정원사 군둘라 도이칠란터는 자신과 자연의 관계를 이렇게 설명한다. "정원은 놀라울 정도로 많은 것을 베풀어줍니다. 저는 정원을 가꾸는 일을 통해 살아 있음을 느낍니다."

어쩌면 당신의 정원은 이 책에 등장하는 정원과 사뭇 다를 수 있다. 어쩌면 당신에겐 정원을 가꿀 만한 야외 공간이 아예 없을 수도 있다. 하지만 걱정하지 말길. 꽃과 나무는 어느 곳에서나 늘 같은 아름다움을 우리에게 선물하기 때문이다. 이것이야말로 식물이 가진 가장 큰 미덕이라고 할 수 있다. 창가에 놓인 화분에서 이제 막 싹을 틔우는 어린 고사리의 굽은 잎이 천천히 펼쳐지는 것을 지켜보는 감동은 거대한 정원이 주는 감동과 다르지 않다. 소우랍 굽타는 종이로 정교한 꽃을 만드는 종이 공예가이다. 작품을 만들기 위해 오랫동안 식물을 연구해온 그는 이렇게 이야기한다. "모든 식물에는 특별한 웅장함이 있습니다. 마치 시와 같죠."

지금부터 우리는 삶에 자연의 기쁨을 들이는 다양한 방법과 아이디어를 만나게 될 것이다. 굽타처럼 꽃의 아름다움을 시각적으로 연출하는 창의적인 예술가나 정원을 가꾸며 다채로운 영감을 전하는 세계 곳곳의 사람들과 만나고, 자연과 함께하는 커뮤니티를 가꾼 이들과 교감할 것이다. 이 책에는 실내식물을 오랫동안 키울 수 있는 법 같은 간단한 노하우부터 정원에서 직접 키운 식물을 창의적으로 활용하는 방법, 농산물 재배에 관한 정보까지 실용적인 조언 또한 가득하다. 코펜하겐에서 활동하는 창의적인 플로리스트 율리우스 배르네스 이베르센은 이런 말로 우리를 들뜨게 한다. "정원을 가꾸는 데 반드시 특별한 지식이 필요한 건 아닙니다. 일단 뛰어들어 시도해보세요. 그것으로 충분할 겁니다."

PART ONE

Care

돌봄

자연은 늘 자기만의 길을 찾는다.
자연의 야성을 부드러운 손길로 길들이고 있는 이들을 만나보자.

FEM GÜÇLÜTÜRK

펨 구츨튀르크

펨 구츨튀르크는 그가 창립했던 홍보 회사를 떠나 식물학자가 되기 위한 교육을 받았다.
이제 그는 터키 외곽에 있는 자신의 조용한 온실에서 바삐 정원을 돌본다.
그는 이 돌봄이 실은 자신을 돌보는 일이라는 것을 깨닫고 있다.

"동화의 마지막에 '그들은 영원히 행복하게 살았답니다'라고 말하잖아요. 제겐 지금이 바로 그 순간이에요." 펨 구츨튀르크가 말한다. 그는 터키 남서부에서 남편과 함께 살고 있다. 전화도 제대로 되지 않는 그곳에서의 삶은 도시에서의 삶과는 거리가 멀다. 구츨튀르크는 자신이 식물의 속도로 살아가는 듯하다고 이야기한다. 기업의 임원으로 일하다가 식물학자가 된 그는 이제 새벽 6시에 하루를 시작한다. 눈을 뜨자마자 그는 퍼머컬쳐(지속 가능한 농업)와 텃밭 정원에 대해 공부한다. 아침 식사를 마친 후에는 정원에 나가 잡초를 뽑고 가지치기를 하며 해가 질 때까지 그곳에 머문다. "저는 거의 식물처럼 살아가고 있어요." 그가 웃으며 말한다.

앙카라에서 태어나 이스탄불에서 자란 구츨튀르크는 항상 색다른 길을 개척해 왔다. 1980년대에는 주로 남성들만 근무하던 바bar에서 일을 했고, 이후에는 공동으로 홍보 회사를 설립했다. 하지만 사업의 성공에도 불구하고 그는 끝없는 소비만이 이어지는 도시 생활에 점점 염증을 느꼈다. "도시에서 자란 우리는 자연과의 연결 고리를 끊은 채, 거대한 글로벌 기업들이 장악한 세계에 빠져 살아가게 되죠." 자신이 주최한 행사에 더 이상 참석하고 싶지 않다고 느꼈을 때, 그는 모든 것을 멈춰야 할 때라는 것을 알아차렸다고 한다.

2014년 그는 은퇴 후 식물학자로서 새로운 여정을 시작했다. 늘 식물에 관심이 많던 그는 원예 학교를 다녔고, 이후 이스탄불에서 식물 가게를 운영했다. 3년 후에는 이스탄불을 떠나 좀 더 풍성한 자연 생태계를 찾아 물라 지역으로 이주했다. 그가 자리 잡은 마을의 이름은 '츠툴르크çıtlık'인데, 물라의 자생식물 유럽 팽나무*Celtis australis*의 이름에서 따온 것이다. "이 나무에 얽힌 전설이 있어요. 누구든 이 나무의 열매를 먹으면 이곳을 떠날 수 없다는 것이죠. 그런데 정말이었어요. 저도 이곳을 떠나고 싶지 않거든요." 그가 말한다.

물라로 이주하기 전까지 그는 오토바이를 몰며 전 세계를 여행했다고 한다. 하지만 '자기만의 천국'을 만든 후 여행에 대한 갈증은 사라졌다. 대신 요즘 그는 남편이 지은 집에서 정원이 바라다보이는 커다란 통유리창을 통해 그간 여행하며 수집한 나무, 관목, 초본식물이 자라는 모습을 관찰하며 시간을 보낸다. "정원에는 내가 여행했던 수많은 장소의 추억이 녹아들어 있죠."

요즘 그는 직접 운영하는 유튜브 채널 '라보펨Labofem'을 통해 식물을 사랑하는 사람들과 정보를 나눈다. 그는 채널 구독자들에게 정원에서 키울 식물을 선택하는 방법, 겨울철에 식물에 발생하는 질병을 치료하는 방법에 이르기까지 다양한 원예 지식을 알려준다. 그가 정원에서 일하는 모습을 직접 볼 수 있는 영상도 있다.

"유튜브는 경험을 공유하는 곳입니다." 그가 설명한다. "구독자들은 머리 스타일이나 화장으로 저를 판단하지 않아요. 제 영상을 보는 분들은 제가 하는 말에 귀를 기울이죠. 저는 일종의 안내자로서 식물을 잘 돌보는 방법을 알려드려요. 사실 구독자 분들이 하는 질문 중에는 제가 답하기 어려운 것도 있어요. 그러면 저도 답을 드리기 위해서 공부하죠. 모두에게 좋은 일이라고 생각해요. 영상을 보는 분들도 제 말에 귀를 기울이고, 저도 그들의 이야기를 귀담아들으니까요."

"저는 거의 식물처럼 살아가고 있어요."

구츨튀르크는 계절에 따라 실내식물을 바꾼다. "자제하지 않았다면 지금보다 훨씬 많은 식물이 있었을 거예요." 그가 말한다. 그는 어느 공간에 어떤 식물이 어울릴지 늘 고민한다. 위 사진 속 생선 뼈처럼 생긴 '지그재그 선인장'은 늘어지는 성질이 있기 때문에 창틀에 올려 둔다. 겨울에는 온실의 온도가 떨어지기 때문에 귀중하고 작은 식물들은 반드시 실내로 들여온다.

구츨튀르크는 식물 공부를 시작하며 식물을 둘 공간을 확보하기 위해 가지고 있던 소설책 1000권을 기증했다. 책장을 보며 그가 말한다. "지금은 식물 관련 책만 가지고 있어요. 지역 자생식물, 식물학, 생태학적 마음챙김에 관한 것들이죠"

구츨튀르크는 매일 집 근처 숲을 산책하며 보는 식물과 꽃을 수첩에 그린 뒤, 집으로 돌아와 그 식물에 대해 찾아본다. 그는 식물이 언제 꽃을 피우는지, 언제 동면기를 맞는지 등을 배우며 새로운 정원 디자인을 연구한다.

ASK ANKER AISTRUP

&

MAR VICENS

아스크 앙켈 아이스트럽 & 마르 비센스

보통의 야외 공간은 세심하게 정비하고 살펴야 관리할 수 있다.
그러나 작은 바위가 흩뿌려진 숲 한가운데 지어진 '올리브하우스'는
방해하지 않고 그대로 두는 것이 가장 좋은 관리 방법이다.

마요르카의 트라문타나산 깊은 곳으로 가보자. 이곳에 이 지역에서 생산되는 돌로 지은 작은 집 두 채가 있다. 집 주변에는 수천 년 된 올리브나무와 울퉁불퉁한 바위들이 흩어져 있어 건물이 눈에 잘 띄지 않는다. 이것은 비센스와 아이스트럽이 의도한 것이기도 하다.

"이 집은 동굴을 연상케 해요. 인류 최초의 집 말이에요." 비센스가 말한다. 스페인 출신의 건축가 비센스는 이곳 트라문타나에서 자랐다. 전기와 수도도 들어오지 않았을 때였다. 그는 할아버지가 집을 짓는 동안 바위산을 뛰어다니며 어린 시절을 보냈다고 한다. 그에 반해 국토의 대부분이 평지인 덴마크에서 나고 자란 아이스트럽은 트라문타나의 경사진 땅이 생소했다고 한다. 이렇게 서로 다른 배경을 가진 두 사람이 트라문타나에 집을 짓기 전 세운 하나의 원칙은 이것이었다. '어떤 바위나 올리브나무도 없애거나 베지 않는다.'

2015년 비센스와 아이스트럽은 건축 스튜디오 '마르 플러스 아스크'를 공동 설립했다. 두 사람은 발렌시아에 별장을 짓거나 베를린 산업단지 내에 사무실을 짓는 등 다양한 프로젝트를 진행했다. 하지만 어떤 프로젝트에 임할 때나 그들은 늘 지속 가능성이 높은 디자인을 추구했다. "우리는 건물의 수명을 '적어도 100년 이상'으로 염두에 두고 건축 작업을 했어요." 아이스트럽은 오랜 역사를 지닌 유럽 건축물이 얼마나 조심스럽게 관리되고 유지되는가에 관해 이야기했다. 마요르카의 올리브하우스 역시 이들의 가치관이 잘 반영된 집이다. 이 오래된 풍경 속에 어떻게 몇 년 머물 집을 디자인을 할 수 있겠는가?

올리브하우스는 '핑크하우스'와 '퍼플하우스' 두 채로 구성된다. 부드럽고 옅은 분홍색 페인트로 벽을 칠한 핑크하우스의 내부에는 침대 하나와 벽난로, 그리고 거칠고 울퉁불퉁한 커다란 회색 바위가 놓여 있다. "실내의 자연 채광 아래에 놓인 바위는 어떤 느낌을 불러일으킵니다. 자연을 다른 시각으로 보게 하죠." 아이스트럽이 말한다. "무언가 새로운 것을 생각하게 하는 구조인 거죠." 퍼플하우스는 원래 연장을 보관하던 오두막을 개조한 것이다. 이곳에는 식당과 부엌, 작은 침대가 있다. 프레임이 없는 창문을 열면 올리브나무가 줄지어 서 있는 경치가 보인다. "바깥보다 집 안에서 올리브나무가 더 선명하게 보여요." 아이스트럽은 이런 효과를 위해 나뭇잎의 녹색과 보색이 되는 밝은 분홍색과 보라색 페인트를 선택했다고 설명한다. 인생의 동반자이자 사업 파트너인 비센스와 아이스트럽은 현재 발렌시아에 살고 있으며 2019년 올리브하우스를 완공한 후에는 어린 딸과 함께 이곳을 자주 찾는다.

이들은 창의적인 활동을 하는 다른 예술가를 위해 이 조용한 언덕을 빌려주기도 한다. "저는 사람들이 이곳의 거침과 날것의 분위기를 좋아한다고 생각해요." 비센스가 말한다. "이곳에 있으면 그간 길들여진 삶에서 벗어나 자유의 숨을 내쉴 수 있게 되거든요."

트라문타나산맥의 올리브 과수원은 마요
르카 문화유산의 일부다. 수세기 동안 이
곳의 올리브오일은 섬의 경제를 책임져왔
다. 이 지역에서 가장 흔한 올리브나무 종
은 '엠펠트레empeltre'로 평균보다 약간 강
한 신맛을 가진 블랙 올리브가 열린다.

부지에 있던 바위를 그대로 둔 채 핑크하
우스를 지었다. 매끄러움과 거침이 공존
하는, 내부와 외부의 경계를 흐리는 디자
인이다.

집 주변을 둘러싼 올리브나무 잎의 초록
색과 보색 대비를 이루게 하기 위해 회색
빛이 도는 분홍색과 보라색 페인트를 선
택했다.

"이곳에서는 그간 길들여진 삶에서 벗어나 자유의 숨을 내쉴 수 있게 됩니다."

핑크하우스와 퍼플하우스를 오가기 위해
서는 거대한 바위와 오래된 올리브나무를
돌아가야 한다. 돌담을 쌓아 만든 테라스
와 가지치기가 된 올리브나무가 거의 유일
하게 '인간에 의해 조율된' 풍경이다.

UMBERTO PASTI

움베르토 파스티

움베르토 파스티는 20년 전 무화과나무 아래서 낮잠을 자다가 정원 '로하나'를 일구겠다는
꿈을 갖게 됐다. 현재 로하나에는 멸종 위기에 처한 모로코 자생식물들이 흐드러지게 꽃을 피우고 있다.
3만 평이 넘는 이 정원은 이제 명실공히 식물학자들의 메카가 되었다.

움베르토 파스티는 모로코 북부에 내리쬐는 빛이 르네상스 시대에 그려진 풍경화 속 빛을 닮았다고 생각한다. "한 치의 빈틈도 없는 절대적인 밝음이라고 할까요?" 밀라노와 탕헤르 사이를 오가며 자기만의 시간을 살아가는 작가이자 원예사인 그가 말한다. "이상적인 꿈의 빛이죠."

파스티가 "전투적인 정원"이라고 부르는 정원 로하나Rohana를 구상한 것은 20년 전의 일이다. 그때 당시 탕헤르는 급속한 산업화로 진통을 앓고 있었고, 그러는 동안 그곳의 몇몇 자생식물들은 멸종 위기에 처하게 되었다. 어떻게든 식물을 보존하고 싶던 파스티는 모로코 이곳저곳을 돌며 위기에 처한 식물을 찾고 있었다. 그러던 어느 날, 그는 무화과나무 아래서 잠시 잠이 들었다. 그리고 꿈결에 식물들을 구할 아이디어가 떠올랐다. 그 뒤 파스티는 아버지에게 받은 유산으로 무언가에 홀린 듯 땅을 사고, 사람들을 고용했다. "보통 정원을 만드는 일은 매우 긴 여정이지만, 저는 이미 로하나가 어떤 모습이 될지 알고 있었어요."

10년 전쯤, 그는 해변가 도시 탕헤르에 한눈에 반했고, 마라케시의 복잡한 풍경에서 도망치고 싶을 때나 휴가철이면 언제나 이 도시로 향했다. 그러던 어느 날 마을로 들어서는 입구를 놓쳐 길을 헤매던 그는 우연히 꽃을 피운 거대한 모로코 자생 붓꽃*Iris tingitana* 군락지를 발견하게 된다. 밝은 푸른색 꽃을 피우는 이 식물 또한 멸종 위기에 처해 있었다. "바다로 가려 했는데, 다름 아닌 그곳에 꽃의 바다가 있었죠." 파스티가 당시를 추억하며 말한다. 그는 가려던 곳 대신 그곳에 머물기로 했다.

파스티가 생애 처음으로 구매한 집은 모로코의 전통 주택이었다. 집에는 오아시스 같은 중정이 있었고, 파스티는 그 주변에 과실수와 이탈리아에서 수입한 장미, 아시아와 남아메리카에서 가져온 열대식물을 심었다. 그가 처음으로 만든 정원이었다.

어린 시절부터 자연을 좋아했던 파스티는 이탈리아 밀라노에 있는 아파트에 살 때에도 개구리 30마리와 애완 뱀 한 마리를 키웠다고 한다. 그에게 자연을 돌보는 일은 자신의 삶을 사랑하는 것만큼이나 자연스러운 일이었다. 파스티는 3만 평이 넘는 로하나를 만들면서 멸종 위기에 처한 식물만을 수집한다는 엄격한 규칙을 세웠다. 지금은 이 규칙에 대해 조금 유연해지기는 했지만 로하나에는 지금도 멸종 위기 식물이 가득하다. 노란 잎을 지닌 붓꽃 *Iris juncea var. numidica*처럼 오래전에 멸종된 식물도 이곳에서는 잘 관리되는 중이다. 요즘 파스티는 물을 주지 않아도 되는 가뭄에 강한 식물에 관심을 갖고 있다. 그는 동료 정원사들에게 다음과 같이 조언한다. "씨앗을 심고 1년 정도 기다리면 식물은 스스로 자리를 잡고 성장할 겁니다. 그러니 인내심을 가지세요!" 한때 꿈만 같았던 로하나 정원은 이제 식물학자들의 메카가 되었다. 정원에 들어오는 기부금은 인근 마을의 학교를 위해 쓰이며, 미래의 원예사 어린이들을 길러내는 데 쓰인다. "자연은 돌고 돕니다." 그는 말한다. "우리가 구한 식물이 이제 우리를 돌보는 셈이니, 참 아름다운 일인 거죠."

왼쪽: 정자 밖 산책로에 화분이 가득하다.
위: 그의 스튜디오 책상 위에는 이제 막 싹
을 틔운 칼라릴리가 화병에 꽂혀 있다.

수영장 주변에 심은 유칼립투스 세 그루가
말라가자 파스티는 나무를 캐내 화분에 심
은 후 온실로 가져왔다. 그는 거실에 화려
한 식물을 두지 않는다.
위: 마치 허물어진 로마 궁전의 기둥처
럼 보이는 구조물 위에 무늬접란이 놓
여 있다.

위: 정원은 빠르게 자라는 호주 자생 담쟁
이덩굴*Muehlenbeckia complex*로 덮여 있다.
오른쪽: 거실에 있는 중국 화병에는 모로
코 자생 붓꽃이 꽂혀 있고, 앞쪽 화분에는
다년생 재배종, 헬레보루스가 심어져 있다.

위 왼쪽: 이 붉은 꽃은 열대수국Dombeya x
cayeuxii으로, 겨울에 꽃을 피운다. 꿀 같은
향기로 주변을 가득 메운다.
위 오른쪽: 정자 밖에는 얕은 연못을 만들
었다. 주변에는 노란꽃창포를 가득 심었다.

LINDA TAALMAN

린다 탈만

자연 속에 집을 짓고자 한다면 캘리포니아 사막을 최적의 장소로 꼽지는 않을 것이다.
그러나 하지만 건축가 린다 탈만의 생각은 달랐다.
유리로 만든 자급자족이 가능한 그의 집은 대지를 존중하는 디자인이 갖는 힘을 잘 보여준다.

린다 탈만은 집에 대한 확고한 생각을 가지고 있었다. 캘리포니아에서 활동하는 건축가인 그가 생각한 집은 '고요한 환경 속에 자유로운 통풍 구조를 갖춘 공간'이었다. 그는 로스앤젤레스 외곽에 집을 지을 적합한 장소를 찾고 있었다. "사막에서 많은 시간을 보냈어요. 그리고 마침내 이곳을 발견했고, 집을 지어야겠다는 느낌이 왔어요. 여기야말로 자연과의 관계를 극대화할 수 있는 '유리집'을 지을 수 있는 곳이라고 판단했죠." 그가 말한다.

사막은 무성한 녹음을 조성하기 어려운 환경이다. 따라서 초록잎이 가득한 전통적인 모습의 정원을 만들 수는 없었다. 그럼에도 불구하고, 탈만의 집의 핵심은 바로 '환경'이었다. 이곳에 집을 세우고 테라스를 만들기 위해서는 대지를 평평하게 만들어야 했고, 그러려면 바위 경사면을 잘라내야 했다. 하지만 탈만은 그렇게 하는 대신 경사지의 자연적 특징을 디자인에 그대로 반영하려 노력했다. 또한 부엌과 거실의 바닥부터 천장까지 이어지는 커다란 파노라마 창으로 효과를 더했다.

자연과 더불어 살아가고자 하는 탈만의 가치관에 따라 건축 과정에서도 최대한 환경에 해를 끼치지 않으려 노력했다. 조립식 유리, 강철, 알루미늄 등을 이용해 집 자체의 형태를 가볍게 만들었고, 현장 건축 공사를 최소화했다. "미리 자르고, 뚫고, 부품화해서 현장에서는 조립만 하면 되도록 만들었어요." 탈만이 집을 지은 과정에 대해 설명한다. 또한 태양광 패널을 만들어 완전한 에너지 자급자족이 가능하도록 했으며, 자연광이 집 안을 하루 종일 돌 수 있도록 설계했다. 겨울에는 낮에 들어오는 햇빛이 집을 달구고, 밤에는 바닥으로 그 열기가 모아지도록 했다. 여름에는 두 개의 중정이 있는 쪽으로 미닫이 유리문을 열어서 집 전체에 시원한 바람이 들어오도록 했고, 태양광 패널 위에 커다란 처마를 씌워 그늘이 지도록 디자인했다. 빛을 반사하는 알루미늄과 쇠는 계절 변화에 따라 달라지는 하늘과 땅의 색을 입는다.

"이곳에서는 완전한 몰입을 느낄 수 있어요. 동물, 새, 구름, 태양, 달, 별을 바라볼 수 있으니까요. 모든 조명을 끈 밤에는 별들이 놀라울만큼 밝게 반짝인답니다." 탈만이 말한다. "이런 공간에서 생활하다 보면 환경에 대한 인식이 달라져요. 바깥과 이토록 가까이 있다는 느낌에는 무언가 특별한 게 있어요. 동시에 집 안에 있으며 보호받고 있다는 편안함을 느끼죠. 그래서 이곳에 머물고 싶은 것 같아요."

침실에서 바라보이는 참나무와 측백나무는 정원의 풍경을 만들어주면서 동시에 도로에서 집이 보이지 않게 가려주고, 바람과 다른 요소로부터 집을 보호하는 역할도 한다. 탈만은 말한다. "이곳은 모든 식물들이 놀라울 정도로 천천히 자라요. 그리고 물이 거의 없는 환경에서 살아남기 위해 진화한 고유의 아름다움을 지니고 있죠."

왼쪽: 사진 속 크레오소트 덤불은 탈만이
가장 좋아하는 식물 중 하나다. 이 덤불
은 소박한 모습과 달리 아주 맵고 진한 향
기를 뿜는다. 탈만이 설명한다. "비가 내리
면 사막 전체가 취할 듯한 향이 퍼집니다."

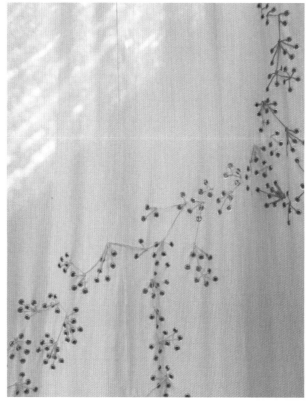

"이런 공간에서 생활하다 보면 환경에 대한 인식이 달라집니다.
바깥과 이토록 가까이 있다는 느낌에는 무언가 특별한 게 있죠."

YASUYO HARVEY

야스요 하비

야스요 하비에게 식물을 돌본다는 건 그것이 가진 작고 유별난 특징을 관찰하는 걸 의미한다.
런던 남쪽에 있는 그의 집 벽은 압화와 마른 나뭇가지와 다채로운 꽃들로 장식되어 있다.
마치 독특한 식물 교향곡을 보는 듯하다.

야스요 하비에게 집은 '기본으로 돌아간다'는 걸 의미한다. 1930년대에 지어진 런던 남서부에 있는 그의 집은 겉보기에는 다른 집들과 별로 다르지 않다. 그러나 안으로 들어서면 식물로 표현된 미니멀리즘의 고요함이 가득하다. 석고로 마감해 거친 질감이 느껴지는 흰 벽과 벚꽃, 노르웨이단풍의 낙엽, 낙엽송잎, 아네모네, 목련, 달리아로 가득한 도자기 화병이 어우러져 있다. 보태니컬 아티스트인 하비는 그가 태어난 일본의 감성에 많은 영향을 받았다.

그는 교토에서 자랐던 어린 시절부터 꽃을 좋아했다. 2004년 런던으로 이주하기 전까지 그는 취미로 일본식 꽃꽂이를 공부했다. 영국으로 온 뒤에는 런던 피커딜리 서커스에서 플로리스트로 일하며 기업 행사나 결혼식의 꽃장식을 했고, 영국에 있는 일본인들을 위한 꽃꽂이 강의를 하기도 했다. 프랑스 패션쇼에 플로리스트로 참여한 후, 디자이너 파예Faye, 에리카 투굿Erica Toogood과 함께 꽃과 관련된 인테리어 프로젝트를 진행하기도 했다.

"저는 식물의 어떤 요소로 조각품을 만드는 일을 정말 좋아해요. 저를 표현하는 하나의 방식이에요." 하비가 거실 벽난로에 액체 라텍스로 코팅한 앙상한 잎 뭉치를 가리키며 말한다. "우리는 왜 마른 꽃으로 집 안을 꾸미려 할까 생각해보곤 해요. 어떤 의미에서 이건 박제와 마찬가지죠. 저는 식물의 부패를 예술로써 포착해 보려고 해요."

남편 필, 아들 노아와 함께 사는 하비의 집은 섬세하게 말린 식물들과 양치류, 갈대, 씨앗 꼬투리, 해초, 산호로 가득하다. 화려한

꽃보다는 차분하고 구조화된 오브제를 선호하는 그는 산책을 하거나 자주 가는 꽃집 혹은 정원에서 이런 것들을 수집한다. 그는 이 소재들을 조각이나 콜라주, 조립품으로 만들어 식물의 성장과 쇠퇴를 다시 한번 기억하고 기록하려 한다. 이런 맥락에서 볼 때 하비의 작품은 자연과 순간성과 덧없음을 주제로 하는 일본의 전통 미학 '와비사비'를 떠올리게 한다. 그러나 그는 자신의 작품을 와비사비로 표현하는 것에 대해 조심스럽다.

"와비사비라는 용어가 너무 남용되는 듯해요. 유행처럼요. 일본에서 나고 자란 제가 와비사비에 영향을 받은 건 틀림없지만요." 하비는 그의 창의력에 영향을 준 것으로 일본식 꽃꽂이 이케바나와 분재, 네덜란드 가든 디자이너 피트 아우돌프Piet Oudolf를 꼽았다. "아마 와비사비는 제가 집의 세부적인 부분을 결정하는 데도 영향을 끼쳤을 거예요. 오래된 것과 새로운 것을 결합하는 방식까지도요. 저는 서로 다른 요소를 혼합하는 데 재주가 있다는 생각이 들어요."

하비는 다른 이들이 그의 작품에서 자기 자신의 세계와 자연을 이해하는 데 도움이 되는 영감을 얻기를 바란다. 그는 꽃, 나무, 여러 식물에 관심을 갖고 영감을 얻고 싶다면 단순히 숲을 산책하는 것부터 시작해보라고 제안한다. "제가 어떤 철학적 기틀을 갖추고 있는 것은 아니지만," 하비가 말한다. "다른 이들은 무심히 지나치는 자연에서 작은 생명체와 식물 들을 늘 발견한답니다."

왼쪽: 하비가 만들거나 모은 소재들을 보 관해둔 선반. 가장 아래 칸에 있는 작품은 골풀을 고케다마(이끼로 뿌리를 감싸 키우 는 원예 기법)로 연출한 것이다. 선반 상단 에 놓인 레피스미움 다육식물이 덩굴처럼 뻗어내려 가고 있다. 위: 하비의 정원에서 가져온 보라색 헬레 보루스 꽃.

위: 하비가 미모사*Acacia baileyana*와 헬레
보루스를 활용해 연출하고 있다.
오른쪽: 이끼와 함께 연출한 바람꽃
Eranthis hyemalis 화분. "일본의 겨울 정원

에서 영감을 얻었어요." 하비가 설명한다.
원래는 일본의 복수초를 쓰려 했으나 영
국에서는 구하기 힘들어 대신 바람꽃을
선택했다.

왼쪽: 이 식물은 뿌리에 털이 달린 모습 때
문에 '토끼발 고사리*Humata tyermanii*'라
고 불린다.
오른쪽: 길쭉한 이 식물은 속새로, 세계 여
러 지역에서 흔히 볼 수 있는 강변 식물이
다. 꽃꽂이 식물로도 인기가 좋다.

JONAS
BJERRE-POULSEN

요나스 비예어 폴센

덴마크 어촌 마을에 자리한 100년 된 집을 구매한 건축가 요나스 비예어 폴센은 고민에 빠졌다.
정원을 어떻게 할 것인가? 어떻게 오래된 정원 자체의 매력을 해치지 않으면서
가족의 요구와 그의 미니멀리즘한 취향을 현대적으로 녹여낼 수 있을까?

코펜하겐의 건축 스튜디오, 놈 아키텍트Norm Architects의 설립자 요나스 비예어 폴센은 자신의 작업을 '미니멀리즘, 단순함, 절제'라는 단어로 설명했다. 그러나 덴마크 수도 외곽에 있는 그의 집과 정원의 느낌은 이와는 사뭇 대조적이다. 오히려 '야생, 낭만, 발견'이라는 단어의 느낌이 물씬 풍기는 다채로운 모습이다.

코펜하겐 중심부에서 기차로 30분 거리에 있는 해안의 어촌 마을 베드백Vedbæk에 있는 그의 집은 1911년에 지어진 것이다. "독일 남부, 이탈리아 북부 건축 양식이 유행했을 때 지어진 집이에요. 산악 지형의 주거 형태인 티롤리안하우스라고 할 수 있죠. 주변에 있는 다른 어부들의 집과 비교하면 조금 이상해 보일 것도 같아요." 비예어 폴센이 웃으며 설명한다.

그의 가족이 집을 처음 인수했을 때는 수십 년에 걸친 개조 공사로 인해 건축물과 부지 모두 다소 황폐해진 상태였다. 정원은 방치돼 있었고 수영장은 진흙으로 덮여 있었다. 그들은 집을 개조하면서 정원을 원래 모습으로 복원하는 작업을 진행했다. "집의 성격에 맞게 정원을 디자인했어요." 비예어 폴센이 정원에 대해 설명한다.

햇빛이 반사되는 수영장과 덩굴장미, 풍성한 화단과 화려하게 장식된 중정이 있는 그의 정원은 전통적 구조의 집과 아름답게 조화를 이룬다. 주변에 화강석을 놓은 수영장에는 아이들을 위해 따뜻한 물이 나오도록 했다. "일종의 자쿠지죠. 하지만 디자인적으로는 그렇게 보이지 않도록 했어요." 그가 말한다.

비예어 폴센은 일과 여행으로 떠났던 해외 각국에서 정원 디자인에 대한 영감을 얻을 수 있었다고 설명한다. "일본식 정원에서도 영향을 받았어요. 정원 일부분에 일본식으로 자갈을 깔고, 벚나무를 심었어요. 서로 다른 것들의 조합이라고 할 수 있죠." 그는 일상에서 집 바깥의 야외 공간을 누리고자 했고, 정원 여기저기에 탁자와 의자를 두었다. "밖에 탁자가 있다면 자연스럽게 사용하게 되겠죠. 매번 안에서 밖으로 탁자를 옮겨 와야 한다면 귀찮아서 잘 사용하지 않을 거예요." 그가 말한다. 정원에 지은 나무 오두막집은 현재 스튜디오와 서재로 사용하고 있다. 사진 작업을 위해 검은 암막 커튼도 쳐놓았다.

비예어 폴센 가족에게 정원은 매우 중요한 역할을 한다. "집에서 스튜디오로 가려면 정원을 가로질러야 합니다. 이걸 중요한 디자인 요소로 봤어요. 두 공간을 연결하는 실내 통로가 없기 때문에 스튜디오로 가려면 반드시 밖으로 나와 그날의 날씨를 경험해야 하죠." 그가 말한다. "바깥과 연결되는 일상을 만들어보세요. 예상치 못한 큰 즐거움을 만날 수 있을 거예요."

왼쪽: 월계수와 수국, 개박하, 분홍 장미,
갈대, 올리브나무로 화단을 연출했다. 오두
막 집을 개조한 스튜디오 안쪽으로 시나몬
나무의 잎이 보인다.

위: 아이들을 위해 따뜻한 물이 나오도록
개조한 정원 수영장. 수영장 주변에는 잘
다듬어진 회양목이 있다.
오른쪽: 바닥에 깔려 있는 돌판 사이에 월
계수와 개박하가 자라고 있다. 비예어 폴
센이 설명한다. "식물 스스로 생존할 수 있
어야 제대로 자리를 잡을 수 있어요."

ABDERRAZAK BENCHAÂBANE

압데라자크 벤챠바네

압데라자크 벤챠바네는 '마라케시의 허파'라고 불릴 만한 공간들을 구축했다.
자연과 현대미술이 공존하는 팔메라이에 미술관을 창립했고,
패션 디자이너 이브 생 로랑의 정원으로 유명한 마조렐 정원을 복원하기도 했다.
그러나 그만의 에덴동산은 도시 외곽에 자리한 그의 정원 안에 있다.

압데자라크 벤챠바네에게 마라케시의 식물들은 안도감 그 자체다. 식물은 오아시스의 상징이자, 척박한 환경에서 살아남은 생명의 존재를 알리는 신호이기 때문이다. 그가 말한다. "저는 정원에 있을 때 보호받는다는 느낌을 받습니다."

가든 디자이너이자 미술관 소유주이고, 조향사이기도 한 벤챠바네는 식물과 그곳 지역 사람들의 관계를 연구하는 민속식물학에 평생을 바쳤다. "저는 정원이 가진 고유성을 해치지 않으면서 그 공간에 역사와 생명을 불어넣으려 노력해왔어요. 비록 정원은 창작자의 의도를 넘어서 탄생하는 예술 작품이지만요." 그가 말한다. 벤챠바네의 작업 중 가장 잘 알려진 것은 역시 이브 생 로랑과 그의 파트너 피에르 베르제가 의뢰한 마조렐 정원의 복원이다. 모로코의 심장에 자리한 이 정원에는 모로코의 희귀 식물이 가득하다. 벤챠바네는 거의 10여 년의 시간을 들여 마조렐 정원을 복원했다.

마조렐 정원을 처음 만든 것은 1900년대에 활동했던 프랑스 화가 자크 마조렐이었다. 벤챠바네는 이 오래된 정원의 원래 모습을 찾기 위해 관련 기사와 기록들을 뒤졌다. "흙을 파내려 가면 흙이 말하기 시작합니다." 벤챠바네는 이러한 과정을 고고학자의 작업과 비교한다. "예를 들어 '포플러가 자라는 곳'이라는 뜻의 이름을 가진 정원을 작업할 때였죠. 그런데 정작 정원에는 포플러나무가 없었어요. 하지만 작업을 진행하면서 흙 속에 묻힌 포플러나무의 밑동을 발견했죠." 벤챠바네는 마조렐 정원의 수로를 다시 흐르게 하고, 그곳에 새로운 생명을 불어넣었다.

마조렐 정원은 이제 거대한 선인장과 야자수, 부겐빌레아 등 다양한 식물들이 자라는 아름다운 공간으로 유명해졌고, 세계인의 사랑을 받고 있다.

벤챠바네는 어릴 때부터 자연을 동경했다. 농업을 하던 아버지 쪽 가족들은 어린 그에게 주변 환경을 어떻게 돌보아야 할지 알려주었다. 어머니 쪽은 궁전과 저택에 대중목욕탕을 짓던 건축가 집안이었다. 모로코 예술에 대한 사랑과 식물과 사람의 관계에 대한 그의 관심은 어머니에게 물려받은 유산이었다. "어머니는 약초로 저를 치료했어요. 저는 사람들이 식물을 돌보는 게 아니라 식물이 사람들을 지켜주고 있다는 걸 금방 알아차렸죠." 그가 말한다. 그가 가장 소중히 여기는 정원은 마라케시에 있는 알 안타키 병원의 정원이다. 어린 시절 병을 앓아 목숨이 위태로웠던 그는 이 병원에서 치료를 받고 다시 건강해질 수 있었다. 그에게 이 병원의 정원을 복원하는 작업은 선물과도 같은 일이었다고 한다.

벤챠바네는 젊은 정원사들에게 두 가지를 조언한다. 첫째, 같은 부모가 낳은 아이라도 모두 다르듯, 각각의 정원에는 각각의 독특함이 있다는 것. "누군가의 정원은 그가 상상해낸 그만의 에덴동산입니다." 둘째, 정원사는 결코 혼자 일하지 않는다는 것. "보이지 않지만 피할 수 없는 파트너가 있죠, 바로 시간입니다. 서둘러봐야 아무 의미 없습니다. 서두르지 마세요."

마라케시에 있는 팔메라이에 미술관에서는 6000평에 달하는 습지 정원과 드라이 가든을 산책하며 현대미술을 감상할 수 있다. 미술관의 설립자인 벤챠바네는 이곳에서 어린이에게 재활용과 지속 가능성의 중요성을 알리는 체험 학습을 진행한다. 그는 미술관 정원 바로 옆에 있는 자택에 살고 있다. 그는 오래전부터 수백 마리가 넘는 새들이 그곳에 둥지를 틀었다고 설명한다. "좋은 증조입니다. 사랑이 있는 곳에 새 둥지가 있으니까요."

벤챠바네는 그가 소장한 모로코의 현대미
술 작품을 전시하려 팔메라이에 미술관을
설립했다. 그리고 150년 이상 된 3000평
부지의 농장을 복원하여 안달루시안 정원
을 만들었다.
위: 민속식물학자의 연구실 겸 집의 모습
이다.

조향사이기도 한 벤챠바네는 장미 정원에
서 큰 영감을 얻었다. 2001년 이브 생 로
랑은 그에게 마조렐 정원을 상징하는 향
수 개발을 의뢰했다. 이 향수의 성공 이후,
그는 도시 마라케시에서 영감을 받은 향수
브랜드 '벤챠바네'를 만들었다.

왼쪽: 지중해풍 연못과 전통 무어 스타일
의 타일이 깔린 안달루시안 정원의 모습.

오른쪽: 모로코, 남아프리카 공화국, 미국,
남아메리카, 멕시코에서 들여온 40여 종의
선인장으로 조성한 정원이다. 이곳에는 한
세기를 넘게 산 야자수도 있다.

LOTUSLAND

로터스랜드

실패한 오페라 가수, 여섯 번의 이혼. 샌타바버라에서 가장 아름다운 정원을 만들어 낸 사람의 이력이다.
로터스랜드는 한 사람의 감각적인 재능과 야망, 영혼이 만든 작품이다.

가나 왈스카는 정원사를 꿈꿨던 적이 없었다. 그는 오페라 가수가 되고 싶어 했다. 아름다운 외모와 화려한 매력을 가진 그는 곧 유명 인사가 되었지만, 명성은 그리 오래가지 않았다. 1929년 〈뉴욕 타임스〉는 왈스카가 '치명적인 무대 공포증'으로 무대를 늘 망친다고 보도했다. 그러나 다행히도 이 폴란드 사교계 명사는 절망하지 않았다. 그는 오페라 가수에 대한 열망을 그가 타고난 재능을 훌륭히 활용할 수 있는 쪽으로, 즉 원예로 옮겼다.

왈스카는 50대에 여섯 번째 결혼식을 올린 뒤 미국 캘리포니아에서 새 출발을 했다. 1941년 그는 남편의 권유로 샌타바버라에 있는 4만 5000평 정도 되는 땅을 샀다. 남편은 그곳이 티베트 승려들의 휴양지가 되길 바랐지만, 왈스카는 드넓은 대지를 아름다운 정원으로 바꿔 나갔다. 점차 그곳은 그의 감각적인 손길을 거쳐 크기와 다양성으로 세계에서 손꼽히는 식물 집합소가 되어갔다. '로터스랜드'라 불리는 왈스카의 정원에는 현재 각 대륙에서 수집한 3300종의 식물이 자라고 있다. 왈스카는 이후 평생을 로터스랜드를 개발하고 유지하는 데 바쳤다.

대중은 물론 왈스카의 빛나는 노력에 감응한 로터스랜드 직원들은 정원을 위해 자발적인 기부에 나섰다. 덕분에 왈스카가 세상을 떠난 지금도 그의 뜻은 여전히 이어지고 있다. 로터스랜드의 가든 디자이너 폴 밀스의 말에 따르면, 왈스카는 그의 예술적 에너지를 몽땅 정원에 쏟았다고 한다. 그는 식물을 공부하고, 돌보고, 조율했으며 창의성을 독창적으로 표현했다. 밀스가 말한 왈스카의 감각적인 재능은 로터스랜드 곳곳에서 쉽게 찾아볼 수 있다.

"왈스카의 정원 연출 방식을 한마디로 정의하자면 '대량 식목'이라고 할 수 있어요." 그가 말한다. "'식물 하나도 좋다. 그렇지만 식물 100개는 더욱 좋다'는 것이었죠. 그리고 무엇보다 왈스카는 식물의 영혼을 믿었어요." 밀스가 말을 이어간다. "식물을 죽이는 일은 어렵기 마련이지만, 그래도 정원사로서 꼭 해야 할 때가 있어요. 예컨대 브로멜리아드라는 식물은 번식력이 아주 좋거든요. 그러나 왈스카는 아무리 식물이 늘어나도 버리지 못했어요. 결국 우리는 새로운 브로멜리아드 정원을 하나 더 만들어야 했죠."

왈스카가 연출한 정원의 특징은 장난기 어린 다채로움이다. 그는 서로 완전히 다른 종류의 것들을 묶어냈다. 그가 연출한 '블루 가든'은 갈대와 나무, 다육식물, 은회색 잎을 지닌 관목이 어우러져 마치 온대지방에 사는 요정의 정원을 보는 듯하다. '소철 가든'에는 '세 총각들'이라는 별명으로 불리는 자연에서는 멸종된 세 그루의 소철나무 *Encephalartos woodii*가 자란다. 세 총각들은 모두 수나무로, 암나무가 없어서 수정은 하지 못하지만 해마다 솔방울을 만들어낸다. 밀스와 로터스랜드 직원들은 이 귀중한 표본식물을 보호하기 위해 나무의 뿌리를 들어 올린 후 식물에 치명적인 균의 서식지를 제거하는 작업을 수년 간 진행하고 있다. 이 작업이 끝나면 소철나무는 다시 제자리로 돌아갈 수 있을 것이다. 자연의 많은 것들이 그러하듯 모든 존재는 공생 관계에 있다. 밀스는 말한다. "저는 식물을 돌봅니다. 그리고 식물들은 다시 저를 나아가게 하죠."

왼쪽: 로터스랜드 건물 주변에는 6종의 선인장이 있다. 직원들은 무리를 지어 둥근 형태로 자라고 있는 황금색 선인장 *Echinocatus grusonii*의 나이가 적어도 100살은 됐을 것으로 추정한다. 건물의 박공에 스칠 듯 걸쳐 있는 큰 초록색 식물은 이 지역에서 칸델라브라*Euphorbia ingens*로 불리는 나무이다.

아래: 왈스카는 자신의 집이 아닌 사진에
보이는 로터스랜드의 분홍색 건물에서 살
았다. 건물 벽 앞에는 붉은 색으로 붓 칠을
한 듯한 브로멜리아드 꽃이 가득하다.

위: 로터스랜드 입구에 있는 두 그루의 유
칼립투스*Eucalyptus globulus*. 밀스는 이 나
무들의 나이를 일흔 살 정도로 추측한다.
서로의 가지가 자연적으로 접목될만큼 두
나무는 긴 세월을 살아왔다.

ALEJANDRO STICOTTI

&

MERCEDES HERNÁEZ

알레한드로 스티코티 & 메르세데스 에르나에스

대부분의 사람은 집을 위해 정원을 만들지만, 어떤 이는 정원을 위해 집을 짓기도 한다.
알레한드로 스티코티는 부에노스아이레스의 잡초 우거진 땅 위에 독특한 디자인 프로젝트를 시작했다.
정글과 같은 초목 속에 집을 세우기로 한 것이다.

무성한 정원 한가운데 자리한 투명한 큐브 형태의 건축물. 아르헨티나 건축가 알레한드로 스티코티와 그래픽 디자이너 메르세데스 에르나에스의 집이다. 건물 벽에 기대선 나무, 안과 밖의 경계를 흐리는 유리 패널 등은 스티코티의 상징적인 스타일을 그대로 보여준다. 스티코티는 부에노스아이레스 외곽 지역인 올리보스에서 살 집을 찾고 있었으나, 이내 마음을 바꿔 조금 특별한 선택을 내린다. 무성한 정원을 사이에 둔 두 채의 집을 짓기로 한 것이다.

집을 짓는 데는 꼬박 3년이 걸렸다. 스티코티는 취향에 따라 재료 하나하나를 섬세하게 선택했다. 집의 외관에는 슬레이트 나무를 붙였고, 광택이 나는 시멘트로 바닥을 만들었다. "거실 천장의 높이를 일반적인 경우보다 두 배 높였어요. 누구나 이런 스타일을 좋아하는 건 아니죠." 스티코티가 말한다. 그의 집은 팔레르모에 있는 그의 스튜디오와 마찬가지로 열대우림 숲속에 파묻혀 있다. 바나나나무와 포도 덩굴이 건물에 그림자를 드리운다. 하지만 창문은 해가 뜨고 지는 것을 볼 수 있을 만큼 크다. 오후에 접어들어 구름이 이동하자 햇살이 쏟아졌다. "저는 폐쇄된 공간을 좋아하지 않아요. 실제로는 내부에 있지만 밖에 있는 것 같은 느낌을 주는 공간을 좋아합니다."

태양이 이동함에 따라 빛이 호를 그리며 집 안에 들어온다. "태양의 이동 경로를 생각하며 집을 지었어요." 스티코티가 말한다.

식물이 집 주변을 감싸고 있어 마치 집 밖에 온실이 있는 것처럼 느껴지기도 한다. 정원은 자생식물과 재배식물이 혼합되어 가득 차 있다. 스티코티가 심은 나무 자카란다는 늦은 봄 밝고 경쾌한 푸른색 꽃을 피운 뒤 마당에 꽃잎을 흩뿌리며 떨어진다. 그는 다육식물을 가장 좋아한다. 그러나 정작 집 안에는 식물이 없다. 바깥에 펼쳐진 초록 풍경을 바라보는 게 더 좋기 때문이다. 두 사람은 모든 정원 관리를 직접 한다. 주말이면 식물의 잎을 잘라주고, 잡초를 제거하며 시간을 보낸다. "우리는 주로 정원에서 일하지만, 요리하는 것도 좋아해요." 정원에는 요리할 때 쓰는 타임과 월계수 같은 허브도 자라고 있다. 집 밖에는 아르헨티나 전통 그릴 빠리샤parilla가 부엌과 아주 가까운 곳에 설치돼 있다. 초저녁이 되자 두 사람은 그릴에 불을 피우고 요리를 시작한다. 텃밭에서 직접 키운 바질을 넣어 향기로운 파스타를 만들고 여기에 품질 좋은 아르헨티나 와인을 곁들인다.

시간의 흔적이 고스란히 느껴지는 이 집에서 선인장은 사람의 키를 넘겨 자라고 있었다. 두 사람은 식물과 함께 나이 들어가는 듯했다. 이들에게도 무언가 바꾸고 싶은 것이 있을까? "저는 아무것도 바꾸고 싶지 않아요." 스티코티는 말한다. "지금 이대로 좋습니다."

여름에 두 사람은 나무 덱이 깔린 테라스에서 정원을 바라보며 대부분의 시간을 보낸다. "오후에는 식물에 물을 준 뒤, 마른 잎을 모아서 불을 피웁니다." 스티코티가 말한다. "우리는 토요일 점심을 여기서 먹곤 하죠."

오른쪽: 두 사람은 깎고 다듬지 않는 방식으로 정원을 디자인했다. 그들이 앉아 있는 테라스 위로 보라색 꽃을 피운 목백일홍나무가 그늘을 드리운다.

왼쪽 아래: 유령식물이라고도 불리는 세둠이 침실 창문에 매달려 자라고 있다. "여긴 침대가 없어요." 스티코티가 말한다. "우린 야생 자체의 자연스러움을 더 좋아해요."

"아무것도 바꾸고 싶지 않아요.
지금 이대로 좋습니다."

CAMILLE MULLER

카미유 뮐레르

카미유 뮐레르는 자신이 디자인한 모든 정원을 평생 헌신적으로 돌본다.
마다가스카르에 있는 정원이든 이오니아제도에 있는 정원이든 마찬가지다.
그러나 그 어느 곳보다 그의 진심이 가득 담긴 정원은 파리 아파트 옥상 위에 만든 그만의 비밀 정원이다.

"여긴 제가 고객을 위해 심사숙고하며 디자인한 정원이 아닙니다." 가든 디자이너 카미유 뮐레르가 옥상 정원으로 가는 사다리를 오르며 말한다. 파리 도심 11구역 어딘가에 자리한 이 옥상 정원은 덩굴장미와 푸른빛을 띠는 보라색 클레마티스, 우뚝 솟은 과실수가 자라는 오아시스와 같은 곳이다. 멀리 들리는 자동차 경적 소리가 없다면, 저 아래 지붕 판넬이 내려다보이지 않는다면 전원에 있는 것처럼 느껴질 것이다. "도심 속 자연의 도피처를 만들고 싶었어요." 그가 설명한다. "식물들이 이곳으로 새와 바람을 불러옵니다. 저는 여기에 저를 종종 버려두죠."

뮐레르는 농업기술자였던 아버지에게 원예에 관해 많은 것을 배웠다. 어린 시절 그는 프랑스 보주산맥을 자주 오르내렸다. 유기농 텃밭이 있던 집과 그 지역의 숲, 그리고 그가 다녔던 농업학교가 거기 있었다. "저는 땅에서 모든 것을 배웠습니다." 그가 말한다. "정원은 언제나 제 꿈의 풍경이었고, 저를 가장 자유롭게 표현할 수 있는 장소였죠." 열세 살 때, 뮐레르는 자신이 꿈꾸는 풍경을 직접 만들어내는 일을 하고 싶다고 생각했다. 그가 어릴 때부터 지녀온 생태적 믿음과 감각에 뿌리를 둔 그런 풍경을.

뮐레르는 1980년대부터 여러 작업을 해왔다. 빽빽한 도심의 옥상 정원부터 드넓은 전원 정원, 과수원 등 고객의 의뢰에 따라 다양한 정원을 디자인했다. 그는 작업에 임할 때면 그 지역의 생태 환경(그가 비오토프biotope라고 부르는)을 존중하려 노력한다. 뮐레르는 장소의 흙, 기후, 지형에 맞게 정원 식물을 구성하고 화학 약품을 사용하지 않는다. "제 일은 고객의 요구와 자연 사이에서 균형을 맞추는 것이죠." 뮐레르는 심지어 인공적으로 '비오토프'를 만들어내기도 했다. 건조한 마다가스카르에 있는 한 호텔을 위한 프로젝트를 할 때였다. 그는 습기를 머금을 수 있게 안개를 뿜어내는 장치를 만들고 야자수를 심어 열대 정원을 만들어 냈다. 20년이 흐른 후, 그곳은 열대식물과 새들이 풍요롭게 살아가는 자체의 생태계를 갖게 되었다.

뮐레르는 자신이 디자인한 정원을 정기적으로 방문해 잘 관리되고 있는지, 식물의 자생력을 높이기 위해 필요한 것은 무엇인지 점검한다. 그가 가장 좋아하는 방문지는 그리스 이오니아제도에 있는 정원이다. 이곳은 2만 평 넓이의 절벽으로 둘러싸인 반도를 지중해풍의 테라스와 올리브, 사이프러스와 향기로운 허브 관목이 있는 정원으로 그가 탈바꿈한 곳이다. 하지만 자연과 자연을 조율하는 사람의 조화가 가장 잘 드러나는 곳은 아마도 뮐레르의 옥상 정원일 것이다. "직관이야말로 제 프로젝트에 영혼을 불어넣고, 미적 차원을 뛰어넘어 의미를 갖게 하는 것이죠." 그가 설명한다.

뮐레르의 옥상 정원에는 가지치기를 해줘
야 하는 화분 식물들이 가득하다. 오른쪽
사진에 보이는 식물은 '케이프아프리칸여
왕*Anisodontea capensis*'인데, 꽃이 지고 나
서 더 풍성한 꽃을 계속 피우게 하려면 가
벼운 가지치기가 필요하다.

"도심 속 자연의 도피처를 만들고 싶었습니다."

겨울에는 자동 스프링클러를 끄고 호스
와 물조리개를 이용해 일본 자생 대나무
*Semiarundinaria fastuosa*와 잉글리시 아이
비, 상록참나무와 화분에 심은 예루살렘
세이지, 수양 사초*Carex pendula*까지 모든
식물에 물을 준다. "겨울철 식물들은 추위
보다 갈증으로 죽는 경우가 더 많습니다."
뮐레르가 말한다.

다섯 가지 팁

관엽식물은 유지 관리가 수월한 손님들이다. 집 안에 생기를 불어넣어주지만 까다로운 관리를 요구하지 않는다. 편안히 자리 잡을 수 있는 장소와 약간의 물만 제공하면 된다. 이 장에서는 왜 자갈이 배수에 큰 효과가 없는지, 직사광선과 간접적인 빛이 어떻게 다른지 등 실내식물을 돌보는 기초적인 방법을 이야기하면서, 잘못된 식물 상식도 바로잡으려 한다. 잘 읽고 따라 한다면 집에 있는 몬스테라가 지난 번보다는 더 오래 살 수 있을 것이다.

How to
Care for
Houseplants

실 내 식 물 관 리 법

글: 대릴 청

〈하우스 플랜트 저널House plant Journal〉의 창립자, 『새로운 식물 부모The New Plant Parent』의 저자

식물을 심을 화분은 생김새가 아닌 식물의 근본적인 필요에 따라 선택해야 한다. 처음 식물을 구매했을 때 식물이 담겨 있는 원예용 플라스틱 화분은 실내식물에게 최고의 집이다. 그러니 벗겨내지 말고, 플라스틱 화분보다 조금 더 크고 배수구가 없는 장식용 화분을 준비해 그 안에 그대로 넣어주자. 물을 주고 한 시간 정도 기다린 뒤 플라스틱 화분에서 빠져나온 물을 버려주면 된다.

　　플라스틱 화분을 벗겨내고 배수구가 없는 장식용 화분에 식물을 심고 싶다면 자갈층은 만들지 않아도 된다. 자갈층에서 뿌리를 썩게 하는 박테리아가 쉽게 번식하기 때문이다. 자갈층을 만드는 대신 물을 주의해서

줘야 한다. 가능한 천천히 물을 부어 주되, 물의 양은 화분 속 흙의 4분의 1 이하여야만 한다. 흙 표면의 2.5센티미터 깊이에 손가락을 넣어 보고, 말라 있으면 그때 다시 물을 주면 된다.

　　뿌리가 화분 바닥에 엉켜 있다면 이는 식물이 웃자란다는 뜻이다. 이 것은 뿌리가 화분에 꽉 찼다는 경고이기도 하므로 화분 갈이를 해야 한다. 화분에서 식물을 꺼낸 후, 뿌리를 부드럽게 뜯어내면서 오래된 흙을 반 정도 제거한다. 썩을 가능성이 있어 보이는 갈색 뿌리는 제거하는 게 좋다. 건강한 뿌리는 단단하면서 투명하다. 원래 화분보다 약 5~10센티미터 정도 지름이 더 큰 새로운 화분에 옮겨 심어주면 된다.

2. 적당한 빛을 찾아주기

실내식물의 위치는 어떻게 정하는 게 좋을까. 보통 식물이 잘 자랄 수 있는 공간보다는 인테리어 관점에서 잘 어울린다고 생각하는 곳을 선택하곤 한다. 그러나 가장 중요하게 고려해야 할 것은 바로 '빛'이다. 빛은 광합성 작용을 일으키고, 이를 통해 식물은 양식을 만들어낸다.

대부분의 지침서는 '밝은 간접광'이 식물에 좋다고 설명하고 있지만 그게 어떤 것인지 구체적으로 알려주지는 않는다. 사실 햇빛이 쏟아지는 곳을 찾기는 쉽지만, 사람의 눈은 곧 모든 밝기에 적응하기 때문에 빛의 세기를 가려내기는 어렵다.

실내식물을 '밝은 간접광' 아래 두고 싶다면 하늘이 많이 보이는 곳에 두는 것이 좋다. 만약 하루에 두 세 시간 이상 직사광선이 쏟아진다면 커튼으로 창문을 살짝 가려주는 게 좋다. 거의 대부분의 실내식물은 하늘이 잘 보이는 곳에 두는 게 좋지만, 직접적인 햇빛을 너무 오랫동안 받는 것은 좋지 않다.

청소

실내에서 사는 식물들의 잎에는 어쩔 수 없이 먼지가 쌓이게 된다. 몇 달에 한 번씩은 젖은 헝겊이나 바나나 껍질의 안쪽 면을 이용해 잎을 닦아주는 것이 좋다. 식물을 움직이는 것이 너무 어렵지 않다면 욕실로 옮겨 샤워기를 사용해 상온의 물로 닦아 주는 것도 좋다. 비누는 사용하면 안 된다. 대부분의 열대식물 잎에 있는 왁스 코팅을 손상시킬 수 있기 때문이다.

가지치기

죽은 잎을 자르고 버리는 일에 신경 써야 한다. 해충이 적은 실내 환경에서는 죽은 잎이 분해되기 다소 어렵다. 보통 늘어지는 가지부터 가지치기를 하면 된다. 식물마다 가지치기를 해주어야 하는 빈도는 다 다르다. 식물이 완전히 자리 잡기 전에 가지치기를 해야 미관상으로도 좋다. 성장하고 있는 가지를 잘라주면 그 밑의 가지가 매우 강하게 자란다.

4. 휴가철 식물 관리

당신이 여행하느라 집을 비운 동안 식물에게 물을 줄 사람이 없다면 어떻게 해야 할까. 여기 세 가지 방법이 있다. 먼저 빛의 밝기를 줄여주자. 그러면 흙이 마르는 속도를 늦출 수 있다. 매일 규칙적으로 물을 줘야 하는 실내식물이라면 물의 양을 유지하는 것이 가장 어려운 문제다. 일단 직사광선을 받지 않는 곳으로 식물을 옮기되, 여전히 하늘은 보이는 장소를 선택

하자. 만약 식물이 배수 구멍이 있는 화분에 담겨 있다면 화분 밑에 얕은 물을 채워주는 것도 좋다. 떠나기 전에는 흙이 부분적으로 건조한 식물에 물을 충분히 주고, 창문에서 조금 멀리 떨어뜨려 놓자. 식물이 물을 필요로 할 때는 흙이 완전히 건조되었을 때다. 그러니 이렇게 한다면, 집에 돌아올 때까지 식물 걱정은 하지 않아도 된다.

겨울에 실내식물이 성장을 멈춘다는 건 흔한 오해다. 먼저 온도 변화를 생각해보자. 실내 온도는 실외처럼 급격하게 변하지 않는다. 비록 하루에 햇빛이 들어오는 시간은 줄었지만, 해가 낮게 뜨고 무성한 나뭇잎에 가려지지 않기 때문에 빛은 방 안까지 좀 더 깊게 들어온다. 그러니 특별한 겨울철 관리법을 고민하지 말고, 단순히 식물을 잘 관찰하고 거기에 반응해주면 된다.

반드시 흙의 건조한 정도를 확인한 뒤 물을 주자. 식물이 견딜 수 있는 정도까지 흙이 건조해지면 그때 물을 주면 된다. 성장하는 게 보이면 비료를 줘도 좋다. 비료를 줄 시기는 식물의 활동을 관찰하면 알 수 있다. 겨울철에 실내로 들어오는 빛의 양이 눈에 띄게 줄어든다면 식물을 좀 더 따뜻한 곳으로 옮겨야 한다. 대부분의 실내식물에게 적당한 온도는 15도 정도다. 다만 전열기 옆에 식물을 두어서는 안된다. 채소 구이가 돼버릴 수 있다.

Gardening Tools

정원 도구들

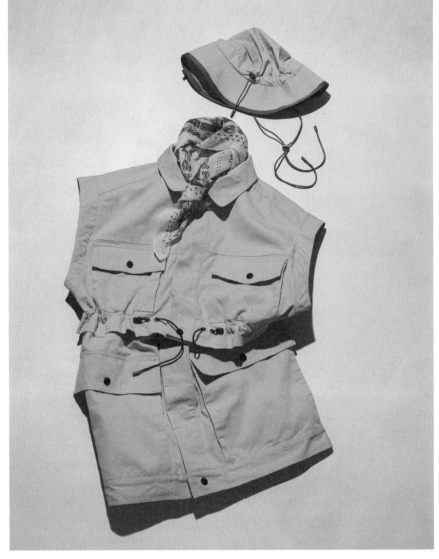

정원 일을 할 때는 튼튼한 겉옷을 입어 몸을 따뜻하게 유지하고 보호하자. 밝은 색 조끼와 모자, 스카프는 핀란드 브랜드 피스카스Fiskars와 패션디자이너 마리아 코르케일라Maria Korkeila가 협업해 만든 것이다.

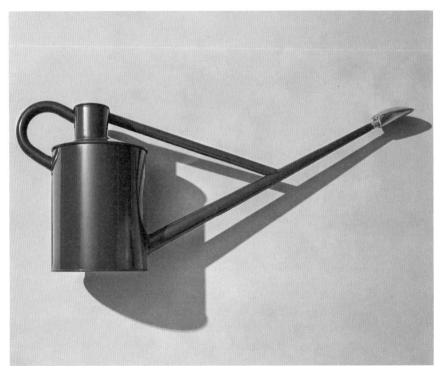

화분에 사는 작은 식물들과 모종을 위해 물조리개가 필요하다. 이 철재 물조리개는 영국 브랜드 하우즈Haws의 제품이다. 물을 절약하고 환경을 생각한다면 호스나 스프링클러보다는 물조리개를 사용하는 게 좋다.

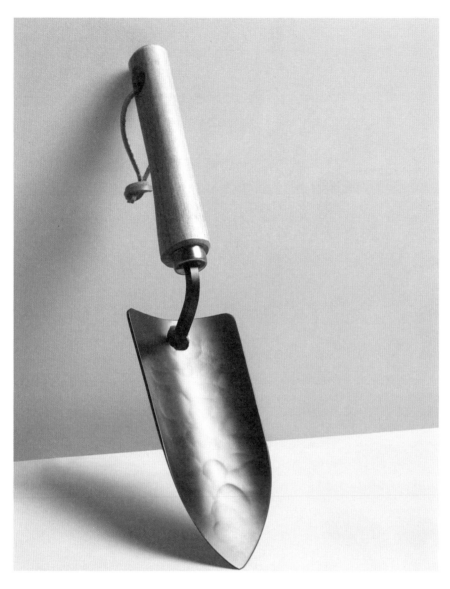

원예용 가위는 가벼운 가지치기를 하거나 꽃꽂이용 꽃을 자를 때 필요하다. 니와키의 이 가위는 매우 단단하지만 섬세하기도 하다.

좋은 도구를 써야 좋은 정원사가 되는 것은 아니다. 하지만 좋은 도구가 즐거움을 너해주는 섯은 맞다. 일본 브랜드 니와키 Niwaki에서 만든 이 모종삽은 비닐하우스나 온실 혹은 작은 정원에서 쓰기에 좋다.

두꺼운 가지를 자를 때는 꽃꽂이용 가위가 아니라 전지가위를 사용해야 한다. 깨끗하게 절단이 되어야 병충해가 예방된다. 이 가위 역시 니와키 제품이다.

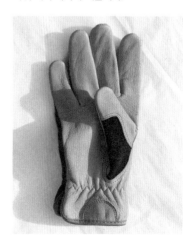

품질 좋은 장갑은 꼭 필요하다. 가시가 있는 식물을 돌볼 때 쓸 수 있는 이 장갑은 헤스트라Hestra 제품이다.

Iacobus Kempener pix.   Io Theodor de bry sculp

PART TWO

Creativity
독창성

자연은 오랫동안 디자인 원리의 영감이 되어주었다.
새로운 방식으로 자연을 해석하는 창의적인 전문가들을 만나보자.

MAURICE HARRIS

모리스 해리스

어린 시절, 모리스 해리스는 그의 할머니가 연출한 교회 단상의 꽃장식에서 영감을 받았다.
오늘날 그는 할머니의 유산을 그대로 이어가고 있다.

해리스는 정확히 플로리스트가 되려던 것은 아니었다. 그의 계획은 꽃을 통해 자신의 창의적인 목소리를 표현하겠다는 것에 가까웠다. "저는 머리 스타일이든, 패션이나 메이크업이든 언제나 독창적인 방식을 고민했어요." 로스앤젤레스에 있는 사무실에서 만난 그가 말한다. "꽃을 연출하는 일은 흑인, 흑인 남성, 흑인 게이 남성이 몰려드는 분야는 아니었잖아요. 다른 산업 분야는 일종의 스타들이 어느 정도 지분을 나누고 있는데 말이죠. 저는 이 산업에 제가 새로운 공기를 불어넣을 수 있는 기회가 있다고 봤어요."

자신의 브랜드 블룸앤플룸Bloom and Plume을 통해 해리스가 선보인 로코코 작품은 안개꽃이나 장미를 이용한 전통적인 꽃꽂이와는 거리가 멀다. 그의 인스타그램에는 속어가 가득한 짧은 글과 유머러스한 밈이 가득하다. 해리스는 소셜미디어를 통해 주로 백인 여성들이 점유하던 꽃의 세상으로 사람들을 초대한다.

그는 상당한 인기를 누리는 인플루언서다. 그의 팔로워는 26만 명을 넘었고, 계속해서 늘어나고 있다. "제 플랫폼은 아주 재미있어요. 제 고객들은 대부분은 저와 비슷한 사람이 아니죠. 그렇지만 인스타그램 팔로워들은 굉장히 다양한 편이에요."

해리스는 꽃을 활용한 그의 예술적인 연출력을 사진으로 다 담을 수 없다고 생각했다. 그래서 그는 로스앤젤레스 필리피노타운에 새로운 카페를 열었다. 카페 테이블에는 그가 연출한 꽃을 놓을 예정이다. 그는 이 카페가 고급 꽃꽂이에 대한 경험이 없는 사람들에게 그의 예술 세계를 알리는 창구가 되기를 바라고 있다. "와서 보세요. 저희 브랜드와 커뮤니티의 일원이 되어 보세요." 그가 말한다. "진짜를 만났다고 느끼게 될 거예요."

그는 꽃을 연출하는 감각을 할머니에게서 배웠다. "할머니는 교회 단상의 꽃장식을 도맡아 하셨어요. 아주 큰일이었고, 할머니는 자부심을 가지고 일을 하셨죠." 그의 할머니는 여덟 명이나 되는 자녀들의 결혼식에 직접 꽃장식을 했다. "할머니는 제가 지금까지도 원칙으로 삼고 있는 디자인 원리를 가르쳐주셨던 분이죠. 삼각형 구조를 이용한 '홀리 트리니티' 표현 방식이에요." 그가 설명한다. 해리스는 디자인에서 비대칭 삼각형 구조를 자주 사용하는데, 두 개 혹은 세 개의 삼각형 구조를 겹쳐 연출하기도 한다.

해리스의 상상력을 자극하는 식물은 로스앤젤레스를 상징하는 꽃이자 어딘가 기하학적인 모습을 가진 극락조다. "어떤 면에서 극락조의 꽃은 암흑과 같아요." 해리스가 흥미로워하며 이야기한다. "다른 어떤 식물보다 눈에 띄죠. 이상한 코와 부리를 지닌 꽃이고요. 게다가 눈부신 파란색과 주황색이죠!"

해리스는 그가 손에 들고 있는 캐러멜색 장미꽃 같은 독특한 꽃을 좋아한다. 이 세피아 톤의 꽃은 에콰도르의 한 식물 육종가가 만든 품종으로, 캐러멜색을 내기 위해 여러 종의 장미를 접목했다고 한다.

BLOOM & PLUME

1640

BLOOM & PLUME
Studio
by Appoirtment

MAIL

위: 해리스의 야외 작업 공간은 식물로 가득하다. 붉은 꽃
잎의 안스리움이 두드러져 보인다. 의자 뒤편으로 랍스
터의 발Heliconia이라는 별명을 가진 식물이 늘어져 있다.
오른쪽: 프린지 튤립 꽃다발과 붉은 아네모네가 담긴 화병
이 테이블 위에 놓여 있다.

LISA MILBERG

&

LEO FORSSELL

리사 밀베리 & 레오 포셀

사람들은 종종 꽃장식을 모든 것의 마지막 순서로 생각한다.
그러나 인테리어 디자이너 리사 밀베리와 레오 포셀의 관점은 조금 다르다.
이들이 프로젝트를 시작할 때 가장 먼저 결정하는 것은 '어떤 식물을 무대 중심에 놓을 것인가'이다.

리사 밀베리와 레오 포셀은 자연스럽고 예측불허한 방식으로 그들의 창의적·실험실이자 스튜디오인 '어레인징 띵스Arranging Things'를 만들었다. 두 사람은 처음엔 단순히 빈티지 쇼핑을 같이 다니고, 서로의 다채로운 디자인 취향을 공유했다. 그러다 함께 웹사이트와 인스타그램 계정을 만들었고, 그들이 찾아낸 것들을 게시하기 시작했다. 이는 곧 다양한 일의 확장으로 이어졌다. 이들은 이제 인테리어 장식, 소품 판매, 음악 큐레이션, 컨설팅 등을 하는 사업체를 이끌고 있다. (밀베리는 현재 음악 밴드 밀리온Miljon의 멤버로 활동하고 있기도 하다.) 두 사람은 가게도 운영하는데, 다만 그들의 방식대로 한다. 이들의 디자인 스튜디오이기도 한 이 가게는 주중에 딱 하루, 목요일에만 문을 연다.

두 사람은 플로리스트도 식물학자도 아니지만, 식물은 이들이 하는 모든 일에서 중심을 차지한다. 밀베리와 포셀은 새로운 작업을 시작할 때 가장 먼저 식물에 쓸 예산부터 책정한다. 숍의 분위기를 바꾸고자 할 때도 가장 먼저 생각하는 것이 음악과 식물이다. 그들이 본질적으로 표현하고자 하는 것은 反미니멀리즘이다. 식물 없이는 이 모든 일을 해낼 수 없었을 거라고 그들은 설명한다.

"그동안 너무 매끄럽거나, 편안하지 않거나, 개성이 담겨 있지 않은 인테리어 디자인을 많이 봐왔어요. 우리가 일을 시작했을 때 바로 그런 것들을 바꾸고 싶었죠." 밀베리가 말한다. "그런 인테리어들은 그 공간을 사용하는 사람을 제대로 표현하지 못해요. 우리는 좀 더 따뜻하고, 친근하고, 환영하는 느낌을 만들고 싶었죠.

이런 느낌을 내는 데는 물론 식물이 아주 중요한 역할을 하고요."

두 사람은 천연소재로 만든 것이나 손으로 만든 장난스러운 모양의 화병을 좋아한다. 그들은 이러한 화병에 딱 맞는 비율을 가진 꽃을 세심히 찾는다. 이들은 서로 뜻밖이거나 양립하는 요소들을 묶어 연출하는 걸 즐긴다. 두 사람은 주로 어떤 테마를 염두에 두고, 보색을 띄는 식물을 함께 연출하지만 때로는 하나의 꽃에 올인하기도 한다. 바로 튤립이다.

"저희는 튤립을 좋아해요. 이 꽃의 소탈함이 좋아요. 튤립은 모든 장소에 우아하게 스며들죠." 밀베리가 말한다. "튤립은 시간이 흐를수록 더욱 더 좋아져요. 때로는 시들었을 때 가장 아름다워 보이기도 해요. 영국 예술가 데이비드 호크니도 자주 튤립을 모티브로 활용했어요. 그에게 영감을 준 꽃이라면 저희에게도 충분한 영감을 줄 수 있겠죠."

최근 세계적으로 지속 가능성에 대한 인식이 널리 퍼지면서 두 사람도 지난 몇 년 동안 절화 소비를 줄이고, 잘 말린 엉겅퀴나 꽃, 나뭇가지 등을 주로 사용하고 있다. 절화를 사용해 꽃다발을 만들어도, 낭비를 줄이기 위해서 꽃을 재사용한다. 꽃다발의 꽃들은 시드는 속도가 모두 다르다. 빨리 시든 꽃은 버리지만, 아직 시들지 않은 꽃은 골라내어 새로운 꽃다발을 만들거나 화병에 꽂아 재사용한다. 밀베리가 설명한다. "때로는 두 번, 세 번씩 꽃을 재사용해요. 이런 재탄생은 정말 흥미롭죠."

위: 붉은색 케일, 말린 스틸렌지아, 크리스마스로즈가 얇고 긴 화병에 꽂혀 있다. 화병은 앤 하스트롬의 작품이다. 작은 빈티지 바스켓에는 노란색 루스쿠스가 담겨 있다. 앙리 마티스의 그림이 그려진 화병에는 토끼발 클로버Trifolium arvense가 자리를 잡고 있다. 밀베리는 말한다. "이 마티스 화병은 정말 최고의 팬 아트 작품이죠."

오른쪽: 말린 유칼립투스가 담긴 유리 화병은 아키 카이텔이 마우스 블로운 기법(유리를 입으로 불어서 만드는 방식)으로 만든 것이다. 꽃병 아래 네잎클로버 모양의 아필라 Apila 스툴은 리사 요한슨 파페의 빈티지 작품이다. 밀베리가 말한다. "아필라는 핀란드어로 클로버를 뜻해요. 스툴과 짝을 이룬 테이블도 있는데 그건 사진으로만 보고 구하지 못했어요."

"항상 진짜 꽃이 필요한 건 아니예요." 밀베리가 말한다. "저 튤립 램프(위 사진 오른쪽 끝에 놓인)는 1980년대에 만들어진 빈티지 작품이죠. 수선화 버전도 있는데 언젠가는 그것도 꼭 찾아낼 거예요!"

JULIUS VÆRNES IVERSEN

율리우스 배르네스 이베르센

코펜하겐에 있는 타블로 스튜디오는 평범함과는 거리가 멀다.
섬세한 꽃과 거친 질감의 자재가 한데 어우러져 극명한 대비를 보여주는
이곳은 마치 '산업 정글'을 보는 듯하다.

우리는 무심코 꽃과 자연을 동의어라고 생각하곤 한다. 그러나 율리우스 배르네스 이베르센의 세계에서는 그런 가정이 가능하지 않다. 타블로Tableau 스튜디오를 운영하는 덴마크의 플랜트 디자이너 배르네스 이베르센은 꽃과 산업 소재를 대치시킨 작품을 만든다. 그의 작품에서 꽃들은 낯설고 친근하지 않게 표현된다.

그의 감각적인 연출은 인위적인 색채를 활용하는 방식에서 돋보인다. 타블로 스튜디오에 '크리스마스 장식'으로 선을 보인 보라색 페인트를 칠한 아스파라거스 고사리나 공중에 구름처럼 매달아 놓은 꽃장식만 보아도 알 수 있다. 여기에 거친 질감의 화병, 쇠나 콘크리트 소재의 낮은 기둥 등을 마지막 터치로 장식해 생경한 느낌을 연출한다.

"자연스러움과 부자연스러움의 대비를 좋아해요." 배르네스 이베르센이 말한다. "저는 이러한 대조가 매우 현대적인 느낌의 플랜트 디자인을 만든다고 생각해요." 배르네스 이베르센은 단순히 식물의 모양이나 질감에만 열중하지 않는다. 그는 이런 새로운 시도가 사람들로 하여금 플랜트 디자이너의 작업을 진정한 디자인 혹은 예술로 인식하게 하는 디딤돌이 될 것으로 본다. "식물을 낯설고 부자연스러운 무대 위에 연출함으로써 플랜트 디자인을 현대적인 개념 예술로 보여주려는 것이죠." 그가 말한다. 이런 맥락에서 데이비드 툴스트럽이 디자인한 스튜디오 타블로의 공간 또한 핵심적이다. 타블로 스튜디오는 식물을 다룬 여러 작가들의 작품을 전시하는 공간으로 쓰이며, 예술로서의 플랜트 디자인을 선보인다.

배르네스 이베르센은 꽃을 창의적으로 활용하는 능력이 사람들에게 본질적으로 내재되어 있다고 믿는다. "꼭 뭘 배워야 이런 작업을 할 수 있는 건 아니에요. 저는 사람들이 그냥 뛰어들어 시도하면 된다고 생각해요." 배르네스 이베르센은 전통적인 플로리스트들의 작업 또한 존중한다. 그는 어린 시절 아버지의 꽃가게에서 일했고, 지금도 타블로 스튜디오와 함께 이 가게를 운영 중이다. "식물은 제 영혼의 가장 큰 부분을 차지하고 있죠. 저는 꽃과 식물 들이 어떤 방식으로든 인간을 회복시킨다고 믿습니다. 기분이 좋지 않은 날 혹은 아픈 날이면 이 일이 제게 에너지를 줍니다. 발가락 사이로 잔디가 느껴지는 기분을 아세요? 꽃과 함께 일하면서 저는 언제나 그런 기분이죠."

타블로 스튜디오는 지속 가능성을 중요한 가치로 두고 작품을 생산한다. 배르네스 이베르센은 타일, 파이프 등은 기성품을 사용하며, 절화 사용이 환경에 미치는 영향을 생각하여 애초에 화병은 제작하지 않는다. 그는 절화를 사용하는 전통적인 꽃장식이 사람들에게 기쁨을 주고 있고 예술로서의 가치도 있지만, 이것이 얼마나 지속 가능하지 않은 방식인지에 대해서도 솔직하게 인정한다.

그는 '많을수록 더 좋다'는 생각으로 집에서 여러 화분 식물을 키우고 있다. 단순히 매일 보아주고, 이야기를 나누기만해도 식물은 자신이 가진 최고의 모습을 보여줄 거라고 그는 조언한다. "이곳 덴마크에서는 '당신은 당신의 식물을 북돋을 필요가 있다'라는 말을 자주 써요. 이게 무슨 말인가 싶을 수도 있는데, 저는 식물이 우리의 에너지를 느낀다고 생각해요. 예컨대 식물에 물을 주면서 '너 참 아름답다' 하고 말하면 식물은 그걸 이해하고 더 좋아지는 거죠. 정말 효과가 있다고 생각해요."

왼쪽: 타블로 스튜디오에 전시된 식물과 조각물들. 특별히 제작한 이 선반 위에 있는 식물 중 밑동이 두툼한 알뿌리 식물 *Fockea edulis*은 적어도 50년 정도 된 것이다.

위: 배르네스 이베르센은 때로 생생하고 색다른 색을 만들기 위해 수채화 물감으로 식물을 색칠한다. 사진에 보이는 밝은 푸른색 호접란 또한 그렇게 만든 것이다.

오른쪽: "전통적으로 장례식에 쓰이는 꽃인 국화, 난, 안스리움을 조합해 '죽음의 느낌'을 연출했어요." 베르네스 이베르센이 말한다. 주제에 맞춰 꽃이 시들어갈 때쯤 전시를 시작했다.

"꼭 뭘 배워야 이런 작업을 할 수 있는 건 아니에요.
저는 사람들이 그냥 뛰어들어 시도하면 된다고 생각해요."

배르네스 이베르센은 스튜디오 안의 작은
방에서 식물을 키운다. 그는 광합성 과정
에서 식물에게 가장 필요한 빛의 파장(파
란색과 빨간색)을 전달하기 위해 분홍색
조명을 사용한다.

PHILIP DIXON

필립 딕슨

사진작가 필립 딕슨의 집은 모순적이다. 사적인 도피처로 설계된 공간이지만,
그의 집은 언제나 그의 정원과 집 안팎의 모습을 보기 위해 멀리서 찾아온 이들로 붐빈다.

캘리포니아 베니스 중심부의 웨스트민스터가에는 벽돌로 지은 낡고 칙칙한 상가 건물이 하나 있다. 건물의 커다란 창문은 페인트가 칠해진 콘크리트 블록으로 채워져 있고 앞문 옆으로는 거친 석회암 바위들 사이에 잘생긴 피그미 야자수가 서 있다. 우중충한 벽을 조금 더 지나면 성역으로 들어서는 유일한 힌트가 나타나고, 그 안쪽에 패션사진 전문가 필립 딕슨의 집이 있다. 1993년 딕슨은 도시의 빠른 속도에서 잠시 후퇴하고 싶을 때 은밀한 개인 공간으로 사용하고자 이 집을 디자인했다. 창문이 없는 벽으로 둘러싸인 이곳의 조용하고 폐쇄된 사막 정원은 딕슨의 작업실이자 생활 공간이다.

갈색 금속 문과 복도를 지나면 두꺼운 아도비 점토 벽과 천장의 목재가 노출된 거실이 보인다. 집 곳곳에는 딕슨이 수집한 도자기, 책, 식물, 오브제가 놓여 있다. 이런 소품과 거친 질감의 벽이 어우러진 그의 집은 그 자체로 시선을 사로잡는 작품처럼 보인다. 또한, 인물 사진을 찍는 데 훌륭한 배경이 되어주기도 한다. 딕슨은 이 집을 사진 스튜디오 겸 외딴 생활 공간으로 설계했다. 그는 이곳에서 수년 동안 대담하고 강렬한 스타일의 인물 사진을 만들어냈다. 그는 다른 사진작가들에게 이 공간을 빌려주기도 한다. 사진작가들은 이곳의 점토 벽, 수영장, 정원을 배경으로 각자의 작업을 이어간다.

거실의 거대한 미닫이 문을 열면 바깥 정원으로 나갈 수 있다. 이 집에서는 창문을 거의 찾아보기 힘들다. 출입문 바깥으로는 좁은 직사각형의 수영장과 햇살 아래서 빛나는 정원의 전망이 보인다. 굵직한 다육식물과 조각 같은 테이블이 높은 외부 담과 대조를 이루고, 부드러운 껍질의 알로에와 행운목, 그 아래로는 푸른색 용설란과 노란색 칸델라브라 선인장도 보인다. 부드러운 콘크리트 바닥에 드리우는 뒤틀린 식물들의 그림자는 마치 차갑고 깊은 땅속 뜨거움을 암시하는 것처럼 보인다. 이토록 강렬한 정원은 인간의 모습을 표현하는 딕슨의 예술성을 반영하고, 황량한 사막은 사람들을 부르는 초대장이 된다.

두꺼운 석회 디딤돌을 건너 맑은 청록색 수영장을 건너면 주방과 식당이 나온다. 단색의 두꺼운 점토 벽이 빛을 머금어 부드러운 느낌을 준다. 식당은 다시 그늘진 테라스로 이어진다. 테라스 한쪽에는 쌀쌀한 밤에 반짝이는 따뜻함을 주는 벽난로가 있고, 뒤쪽으로는 멕시코에서 자생하는 기둥처럼 생긴 선인장이 그늘을 드리운다. 그 아래에는 소파와 아무렇게나 놓인 쿠션이 보인다. 이곳이야말로 냉정하면서도 친절한 집 주인의 특징이 가장 잘 드러나는 곳이다.

수영장에 시원한 빛이 반짝이고, 먼 곳에서 들려오는 듯한 도시의 소음이 높은 벽 위로 가물거린다. 짧은 계단을 오르면 또 다른 정원과 식사를 할 수 있는 작은 동굴이 나온다. 정원의 길은 가시가 돋은 배나무와 유카, 알로에, 용설란, 부채야자, 카나리아 섬의 스퍼지나무 사이로 구불구불 나 있다. 길의 끝은 바깥과 이 공간을 구분하는 커다란 구리 문으로 이어진다.

깊지 않은 수영장 주변에는 사막에 자생하
는 다육식물인 부채야자와 다양한 선인장
들이 가득하다. 딕슨은 선인장의 모습에서
디자인 영감을 받았다고 한다.

딕슨의 집은 마른 점토 벽돌로 만든 것이
다. 점토는 많은 지역에서 고대 건축물의
자재로 쓰였다. 내화성, 생분해성이 있는
점토 벽돌은 건조한 기후에서 건물 외장으
로 널리 사용되었다.

GUILLEM NADAL

길렘 나달

커다란 창문이 있는 길렘 나달의 스튜디오는 삼림과 야생화로 가득한 초원과 맞닿아 있다.
나달은 창밖 풍경에서 영감을 얻고, 그 영감은 캔버스 위에서 실체를 지닌 작품으로 탄생한다.

예술가 길렘 나달의 작업에서 자연은 무대의 중심을 차지한다. "저는 굉장히 유기적으로 접근합니다." 그가 말한다. "작업을 할 때 저를 둘러싼 주변을 일단 둘러봅니다. 풍경과 질감, 자연의 재료들을 살펴보고 이런 요소들을 융합하려 노력하죠." 캔버스 위에 회색과 검은색 선이 대담하게 그어져 있는 그의 작품은 흐르는 물을 연상하게 한다. 때로 그는 유화 물감을 두껍게 발라 마치 진흙처럼 연출하는데, 정말 흙을 쓴 것처럼 보이기도 한다.

나달은 자신의 고향인 마요르카섬의 손 세르베라 마을 외곽에 살며 그곳에서 작업을 하고 있다. 이곳 전통의 흰색 흙집으로 지은 나달의 집은 모자이크 패턴처럼 늘어선 야생 올리브나무와 계단식 과수원, 야생화가 가득한 초원에 둘러싸여 있다. 그 지역에서 흔히 볼 수 있는 돌과 거친 암석이 곳곳에 놓인 전형적인 지중해식 가옥이다. "저는 우리가 매일 잠에서 깨어 밥을 먹고 생활하는 공간이 우리가 하는 일에도 영향을 준다고 생각해요." 나달이 설명한다. "저는 주로 스튜디오 안에서 작업하지만, 저는 언제나 스튜디오를 둘러싼 바깥 풍경과 함께 있어요." 나달은 그의 테라스를 에워싸고 있는 마요르카의 경치를 사랑한다. 사람의 손길이 닿지 않은 식물들은 풍부한 채광을 맞으며 자연 상태에서 자유롭게 자란다. 그의 작업은 문 앞에 펼쳐진 풍경의 거친 질감과 다양한 색채들을 재생산하는 일이기도 하고, 계절과 빛에 따라 변화하는 그들의 모습을 탐구하는 일이기도 하다.

나달은 자연의 다섯 가지 요소인 흙, 물, 불, 바람, 공간에서 영감을 받는다. 그리고 목재나 석고, 금속과 같은 자연에서 발견할 수 있는 원료를 활용해 작품을 만든다. 예컨대 그의 1990년대 작품 시리즈인 〈라 미라다 델 포크La Mirada del Foc〉는 군데군데 불태운 흰 캔버스에 실제 잔가지를 활용한 것이 특징이다.

불과 땅은 복잡한 관계에 있다고 할 수 있다. 인류와 거대한 힘을 가진 자연의 요소들이 그러한 것처럼. "저는 자연에 대한 인간의 의존성을 표현하고자 합니다. 자연의 파괴적인 힘에도 불구하고 인간은 의존할 수밖에 없죠." 그가 설명한다. "어떤 이들은 그림을 단지 기술적인 관점에서 판단하기도 합니다. 그러나 저는 보는 사람 마음에 파동을 일으키는 작품을 만들고자 합니다. 의미 없는 그림은 영혼 없는 인간과 마찬가지니까요."

나달은 유럽 전역의 현대미술관과 갤러리에서 여러 차례 개인전을 개최했다. 그의 그림과 설치미술 작품은 뷔르트Würth 컬렉션이나 호안 미로 미술관 등 유명 미술관과 공공 기관에 전시되어 있기도 하다. 세계 여러 곳에서 작업 의뢰가 쏟아지지만, 그는 대부분의 시간을 집밖의 풍경을 바라보며 보낸다. "저는 자연의 덧없음을 좋아합니다." 날마다, 계절에 따라 끊임없이 바뀌는 자연의 변화를 목격하며 살아가는 그는 이렇게 덧붙인다. "만약 제가 베를린이나 파리에 살았다면 제 예술 세계와 표현 방식은 분명히 지금과 매우 달랐을 겁니다."

나달은 그의 정원이 자연과 자연스레 이어지길 바랐다. 그
래서 '숲을 만들고 풍경을 모방하고자' 테라스 주변에 야생
올리브나무 *Olea oleaster*와 유럽부채야자 *Garballo*를 심었다.
정원의 식물은 마요르카의 더운 여름과 건조한 겨울을 견
딜 수 있는 종으로 선택했다. 그는 1년에 한 번 거름을 주
는 정도의 관리를 한다.

위: 스튜디오 곳곳에서 제작되고 있는 작품들을 볼 수 있다. 나달은 그의 작품에 대해 이렇게 말한다. "제 작품들은 일기와도 같아요. 제 작은 생각들의 모음이죠."
〈일리아스 델 솔*Illes del Sol*〉이라는 이름이 붙은 사진 속 작품은 청동으로 만든 것이다. 옥상에서 작품을 말리고 있는 중이다.

"저는 보는 사람의 마음에 파동을 일으키는 작품을 만들고자 합니다.
의미 없는 그림은 영혼 없는 인간과 마찬가지니까요."

왼쪽: 덩굴 식물이 나달의 정원 돌담을 기
어오르고 있다. 선인장 덤불과 어디에나
있는 야생 올리브나무도 보인다. 이곳에
는 수백 년을 넘게 산 올리브 나무도 있다.

SAITO TAICHI

사이토 다이치

도쿄에 있는 집에 정원을 만들 때 가든 디자이너 사이토 다이치는 하나만 생각했다.
일년 내내 푸르른 열대식물을 심을 것. 그리고 나머지는
주변의 경치를 정원의 일부처럼 이용하는 소원 기법인 '차경'의 힘에 맡기기로 했다.

도쿄의 토도로키 공원 한쪽에는 사이토 다이치의 개인 주택으로 통하는 나무 문이 있다. 안으로 들어서면 길게 늘어진 식물들이 잔바람에 조용히 흔들리고, 그늘 아래에 양치류가 넓게 퍼져 자라고 있는 테라스 정원이 나온다. 물은 잔잔함 속에 고요히 흐른다. 놓치기 쉬운 미묘한 섬세함을 품은 공간이다. 사이토는 자신의 정원을 '와비사비의 역동적인 표현'이라고 설명한다. 가든 디자인 스튜디오인 아틀리에 다이시젠Daishizen을 운영하는 그는 불완전한 아름다움, 일시적인 감각을 잡아내기 위해 노력한다.

집 안으로 들어서면 거실이 나오고, 그곳에는 습기를 좋아하는 고사리나 팔메토, 극락조 같은 식물이 자라고 있다. 거실 위로는 키가 낮은 중이층이 있다. 사이토는 '사계절 내내 꽃과 과일이 피어나고 언제나 푸르른' 식물을 수집해 정원에 심었다. 비록 이웃집이 가까이 있고 대형 유리창이 있는 공간이지만, 이곳엔 고요하고 사적인 분위기가 흐른다.

2018년 완공된 이 집은 건축가 타네 쓰요시가 설계했다. 사이토는 부지가 가진 한계 때문에 할 수 있는 게 너무 적었다고 설명한다. 타네는 기후를 고려해 건축물의 토대를 구상했고 건축 부지의 태생적인 특징을 면밀히 살폈다. 그 결과 북쪽 땅은 지대가 낮고 그늘이 진 반면 남쪽 땅은 훨씬 건조하고 노출이 심했다. 이는 토도로키 계곡의 이중적인 기후 때문이었는데, 타네는 이런 조건

에 맞게 두 채의 집을 짓기로 했다. 비정형적인 팔면체 모양의 이 집들은 하나는 건조한 부지에 적합하도록, 다른 하나는 습한 부지에 적합하도록 설계했다.

지반이 낮은 거실은 북쪽 정원으로 이어진다. 커다란 창문으로 햇빛이 쏟아지는 거실에는 공간에 따스함을 더하는 빈티지 가구가 놓여 있다. 몇몇 방은 지하에 있는데, 방의 낮은 지평선은 뿌리와 줄기를 내린 정원의 식물들로 이어진다. 그 끝에는 거친 질감의 흙담과 식사를 할 수 있는 공간이 있다. 타네는 여름철엔 시원하고 겨울에는 따뜻하도록 흙담을 선택했다. 여름에는 창문으로 들어온 부드럽고 따스한 바람이 열을 식혀주고, 겨울에는 낮 동안 따스해진 흙담과 돌 바닥의 열이 위층 침실로 올라간다.

노출된 계단은 빛이 잘 드는 침실로 어어진다. 침실에 있는 화분에는 필로덴드론이 자라고 있고, 커다란 창밖으로는 이웃집의 나무를 볼 수 있다. 사이토는 이것을 동양의 전통적인 정원 기법인 '차경'이라고 강조한다. 차경은 멀리 있는 경치를 정원의 일부처럼 빌려와 쓰는 것을 뜻한다. 테라스로 나가는 여닫이 문을 통과하면 중정이 나온다. 이곳에 있으면 사이토가 왜 자신의 집을 '바람과 함께하는 아름다운 곳'이라고 설명했는지 이해할 수 있다. "바람이 불면 나뭇잎이 바닥을 스치는 나긋한 소리가 들려옵니다. 도시의 소음을 거의 완전히 잊게 되지요."

사이토는 생강을 화분에 담아 키운다. 생
강은 갈대와 비슷한 식물로, 키가 1미터까
지 자라며 노란색 꽃을 피운다.

LAS POZAS

라스 포자스

환경운동가들이 라스 포자스 정원을 처음 발견했을 때, 그곳은 열대 우림에 완전히 점령 당해 있었다.
가히 초현실적인 이 콘크리트 정원의 모습은 마치 아열대 식물들의 침략을 받은 듯했다.

무려 9만 평이 넘는 부지에 가늘고 긴 콘크리트 구조물들이 빽빽한 녹색 잎사귀와 뒤엉킨 채 이어진 정원. 멕시코 실리틀라에 있는 라스 포자스의 모습이다. 무성하다 못해 숲을 이룬 라스 포자스의 키 큰 나무들과 그 아래 자라난 덤불을 헤치고 걷다 보면, 폭포를 지나 포도나무 덩굴이 덮인 언덕을 오르다 보면, 마치 네덜란드 판화가 M.C. 에셔의 그림 속에 들어와 있는 느낌이다.

라스 포자스는 초현실주의 예술가이자 시인인 에드워드 제임스가 장장 30년에 걸쳐 상상하고 만들어낸 곳이다. 제임스는 1949년 현지 건축팀과 함께 라스 포자스 시공을 시작했다. 그들은 열정적으로 드넓은 대지와 좁은 통행로, 벽이 없는 방과 콘크리트 전망대 등을 만들었다. '3층이지만 사실 5층, 4층 혹은 6층인 집', '고래 같은 지붕이 있는 집'이라는 초현실적 이름의 구조물이 있는 정원 라스 포자스는 인간의 창의력뿐만 아니라 자연의 세계를 탐구하는 프로젝트이기도 했다. 꿈에서나 볼 법한 이곳의 건축물들은 시간의 흐름에 따라 식물들과 얽히도록 설계되었기 때문이다. 제임스는 다른 지역에서 수집한 수십 종의 식물을 가져와 라스 포자스에 심었다. 한때는 이곳에 수천 개의 난이 자라기도 했다.

2007년부터는 멕시코의 자연보호구역을 운영하는 재단에서 이곳을 관리하고 있고, 덕분에 지금은 일반인들도 라스 포자스를 방문할 수 있다. 1984년 제임스가 사망한 뒤로는 아무도 이 정원을 돌보지 않았기 때문에, 재단이 처음 라스 포자스를 찾았을 때는 덩굴 식물과 열대 숲이 건축물을 완전히 집어삼킨 상태였다. 재단은 본격적인 관리에 들어가기 전에 정원의 부지와 구조물을 면밀히 조사하고 진단했다.

"세월의 흐름에 따라 군데군데 산화되고, 약간의 무너짐이 있었지만 심각한 상태는 아닌 듯했습니다." 재단의 코디네이터인 프리다 마테오스가 말한다. "기술적인 관점에서 볼 때, 제임스가 만든 구조물들은 일관성이 없어요. 그럼에도 불구하고 현지 건축가들과 제임스는 풍부한 경험과 직관으로 아주 독특한 구조를 구축해냈죠."

재단은 라스 포자스를 대중에게 공개할 수 있도록 정원을 정비했다. 라스 포자스의 프로그램 관리자인 시메나 에스카레라는 말한다. "제임스는 정원을 가꾸는 일에 열정을 갖고 있었죠. 그래서 우리는 이 공간을 정원으로 부르고 있어요. 관람객들은 이곳에 들어서자마자 자연이 중요한 역할을 하고 있다는 것을 바로 알 수 있어요." 그가 덧붙여 말한다. "그러나 정원은 사람이 자연을 조율해 만들어낸 공간이잖아요. 사람의 개입이 분명하게 드러나는 곳이죠. 이곳은 제임스가 조율한 정글 정원이에요. 활기차게, 끊임없이 성장하는 정원이요."

왼쪽: 제임스는 라스 포자스에 30개가 넘는 구조물을 만들었다. 사진 속 눈동자 보양의 욕조도 그중 하나다. 욕조 아래에는 고사리, 바나나, 헬리코니아가 자란다.
위: 정원의 입구에 있는 이 원형 구조물은 '여왕의 반지'라는 이름으로 불린다.

위: 이 사진에 보이는 구조물의 이름은 '천국의 계단'이다. 이것은 제임스가 말하던 그의 '순수한 과대망상'을 가장 잘 표현한 예일 것이다. 이 콘크리트 구조물은 사람이 직접 오를 수 있을 정도로 튼튼하다. 문화재보존전문가들은 이 아름다운 구조물이 수십 년 동안 부식되지 않고 형태를 지켰다는 사실에 놀라워한다.

아래 왼쪽: 사진에 보이는 식물의 이름은
팔미야로, 멕시코 전통 축제인 '망자의 날'
에 재단을 장식하던 꽃이다.

"이곳은 에드워드 제임스가 조율한 정글 정원이에요. 활기차게, 끊임없이 성장하는 정원이요."

오른쪽: 사진 속 조각물 〈손〉은 제임스의 초현실주의를 느낄 수 있는 작품이다. 이 조각물은 앞에서 보나 뒤에서 보나 모두 오른손으로 보인다. 제임스는 멕시코로 떠나기 전인 1938년 스페인 화가 살바도르 달리를 후원한 적이 있다. 르네 마그리트가 자신의 그림 두 점에 제임스를 그리기도 했다.

MARISA COMPETELLO

마리사 콤페텔로

무용수였고, 패션 스타일리스트였던 마리사 콤페텔로는 '즉흥적으로, 직관과 충동에 따라'
플로리스트로 직업을 바꾸었다. 춤과 패션 업계에서 활동했던 그의 스타일은 과감하고 대담한 편이다.
그녀의 사업은 현재 말 그대로 꽃을 피우고 있다.

이른 아침은 뉴욕에 사는 플로리스트에게 가장 생생히 깨어 있어야 할 시간이다. 오전 7시, 마리사 콤페텔로는 부지런히 맨해튼 꽃시장을 돌아다니며 단순하면서도 눈에 띄는 꽃들과 장식에 필요한 소재를 찾느라 여념이 없다. "이곳은 풍성함으로 가득 차 있어요. 모든 가게들이 식물과 꽃으로 가득하고, 거리까지도 활기가 넘쳐요." 그가 말한다. "매일 이곳을 찾는 게 제 일상이죠."

꽃시장을 나온 콤페텔로는 그의 스튜디오 '메타플로라'가 있는 차이나타운으로 돌아간다. 이곳에서 그는 처음 플로리스트로서 일을 시작했고 좋은 평판을 쌓아왔다. 플로리스트가 풍성하고 화려한 꽃다발만 연출한다는 생각은 편견이다. 콤페텔로는 종종 하나의 꽃으로만 연출을 완성한다. "저는 굵직하고 힘찬 연출을 좋아해요." 자신의 디자인에 대해 그가 설명한다. 최근 그는 부채 모양의 뾰족한 잎을 지닌 비스마르크야자와 한들거리는 머리카락처럼 부드러운 제니스타를 조합해 작품을 만들었다.

콤페텔로는 한때 무용수였으며, 10여 년 동안 패션 스타일리스트로 일하기도 했다. 그는 자신의 이력이 플로리스트 일을 하는데 기초적인 훈련이 됐다고 말한다. "저는 오랫동안 선과 형태를 공부하며 춤을 췄어요." 그가 설명한다. "춤은 연출의 핵심이죠. 제가 만드는 작품에서도 그런 게 묻어날 거라고 생각해요. 제 디자인은 조형적이고, 움직임이 많아요. 그리고 색, 질감, 형태를 조화롭게 디자인하죠."

패션 스타일리스트이던 콤페텔라가 플로리스트로 직업을 바꾼 것은 사실 그리 놀라운 결정이 아니었다. 어린 시절 그는 직접 꽃다발을 포장해 이웃에게 팔기도 했고, 성인이 되어서는 친구의 레스토랑에 꽃장식을 해주기도 했다. 하지만 그는 '꽤 즉흥적이고 직관적으로' 직업 전환을 결정했다고 설명한다.

스튜디오 메타플로라의 첫 번째 고객은 '로워 이스트 사이드' 혹은 '다임'이라는 이름으로 불리던 어느 카페였다. 이곳을 시작으로 콤페텔로의 사업은 말 그대로 꽃을 피우게 된다. "많은 사람들이 그곳에서 제 꽃장식을 보았고, 좋아해주었어요." 그녀가 그때를 떠올리며 말을 잇는다. "사실 좀 실험적이고 괴상한 방식으로 꽃을 연출했거든요. 정답이 없는 일이니까요." 큰 이슈가 된 첫 작업 이후 사업은 놀랄 정도로 빠르게 성장했다. 그는 2019년 뉴욕의 인테리어 편집숍인 웨스트엘름에서 조화 콜렉션을 만들었고, 나이키나 디자인 스튜디오 아파라투스 같은 브랜드와 일하기도 했다.

콤페텔로는 그의 작업을 좋아하는 아마추어 애호가들에게 꽃꽂이를 가르치기도 한다. 그의 조언은 언제나 같다. 꽃시장을 찾아가라. 그리고 무엇이 당신의 눈을 잡아 끄는지 살펴라. "저는 랍스터를 닮은 벨벳 느낌의 꽃 헬리코니아스를 좋아해요." 콤페텔로가 이야기한다. 그는 자신의 창의성을 믿고 따르라고 권한다. "마음이 끌리는 대로 한번 해보세요. 정해진 규칙은 없으니까요. 그러다 선을 약간만 넘어보세요. 좀 더 재미있는 결과를 만들어낼 수 있을 겁니다. 이게 제가 아름다움을 연출하는 방식이에요."

위: 스튜디오 메타플로라 한 편에 놓인 '캥거루 발Anigozanthos flavidus'이라 불리는 식물과 녹색 안스리움을 조합한 화분. 캥거루발은 호주 자생 식물로, 새들이 이 식물의 튼튼한 줄기를 먹이로 삼기도 한다.
왼쪽: 콤페텔로가 붉은 패롯 타입의 튤립 Tulipa × gesneriana을 들고 있다.

오른쪽: 스튜디오 모퉁이에 놓인 파피루스 사초*Cyperus papyrus*가 부드러운 분위기를 자아낸다.
아래: 패롯 타입 튤립의 붉은 꽃송이가 무겁게 내려앉아 있다. 이 튤립은 12센티미터까지 자란다.

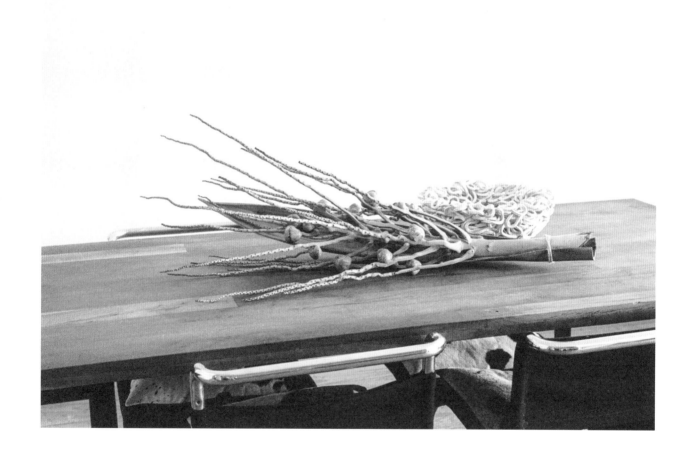

콤페텔로는 종종 하나의 식물을 조형적으
로 연출한다. 위 사진에 보이는 코코넛 클
러스트로 만든 센터피스가 그러한 예다.

SOURABH GUPTA

소우랍 굽타

"진짜가 될 때까지 진짜인 척하라"라는 격언은 뉴욕에서 일하는 모든 이들이 마음 한 편에 새긴 말일 것이다. 뉴욕에서 활동하는 예술가 소우랍 굽타의 직업 철학 또한 이와 같다. 다만 그가 '진짜처럼' 보이게 하려는 것은 식물학적으로 굉장히 정교한 꽃이다. 그의 작업 방식은 예술 그 자체다.

소우랍 굽타는 뉴욕 할렘에서 활동하는 디자이너이자, 건축가이고, 예술가다. 그의 작품 중에서 가장 잘 알려진 것은 아마도 종이꽃일 것이다. 그가 걸어온 길은 그가 복제하는 꽃만큼이나 유기적이면서 대담했다. 그리고 이 모든 여정의 시작에는 정원이 있었다. 굽타는 어린 시절을 카슈미르에서 보냈다. 그는 그곳에 직접 푸르른 옥상 정원을 만들고 서른세 그루의 분재나무와 수백여 개의 식물들을 키웠다. 인근에 화분을 파는 곳이 없었기에 그는 화분을 직접 만들었다. "제가 연출하고 싶고 구성하고 싶은 모든 것을 직접 만들어야 했죠." 그가 말한다. "그때가 제 삶에서 '창작'에 대한 개념이 생긴 때였어요." 그는 친구의 정원에서 식물과 꽃을 가져와 그만의 방식으로 접목을 시도해보기도 했다. "제가 자연 속에서 스스로 자랄 수 있는 시간이었어요." 그가 말을 잇는다. "자연에 대해 공부하고, 이해할 수 있는 시간 말이죠." 굽타는 그가 다녔던 가톨릭 학교의 교회 단상을 장식할 종이꽃을 만들기도 했다.

성인이 된 그는 건축을 공부하기 위해 인도를 떠나 뉴욕으로 왔다. 뉴욕 파슨스 디자인 학교를 다니던 그는 디자이너 스티븐 얼을 만난다. 그리고 어느 날 그와 함께 갔던 메트로폴리탄 미술관에서 〈천체: 패션과 가톨릭의 상상력〉이라는 전시회를 보게 된다. 굽타는 그곳에 전시된 직물을 보며 어린 시절 만들었던 종이꽃을 기억해 냈다. 전시를 보고 나온 후 얼은 그에게 종이를 선물했고 굽타는 다시 종이꽃을 만들기 시작했다.

"꽃은 정말 다채로운 표현이 가능해요. 그래서 계속해서 더 많은 것을 찾게 됩니다. 다른 색, 모양, 향기 등을요. 꽃마다 각기 다른 신선함과 새로움이 있어요." 그는 주변의 친구들에게 자신이 만든 종이꽃을 나누어주었다. 친구들은 그의 종이꽃이 빛도 제대로 들어오지 않는 뉴욕의 아파트를 밝혀 준다며 "좋아했다. "자연과 함께하는 느낌인 거죠." 굽타가 말한다.

식물학적으로 매우 정교하게 꽃을 재창조하는 작업을 하는 그는 영국 햄프턴을 여행하며 보았던 정원들에서 큰 영감을 받았다. "정말 많은 걸 이해할 수 있었어요. 예를 들면 색, 뼈대, 구조 같은 것이요. 작업할 때는 건축에 대한 제 관점이 투영되기도 해요. 저는 무언가를 볼 때 늘 부분을 이루고 있는 것들을 보거든요. 꽃은 정말 수많은 구성 요소로 이루어져 있어요. 그것들이 어떻게 결합되는지 이해하는 건 정말 매혹적인 일이죠." 햄프턴 여행에서 돌아온 후 그는 크리스마스 휴가 내내 엉겅퀴 조화를 만들며 시간을 보냈다.

굽타의 건축에 대한 지식과 식물에 대한 열정은 좋은 시너지를 내고 있다. 그는 식물학에 관한 수십 권의 책을 읽고 구조적 아름다움에 대해 생각하며 많은 시간을 보낸다. 지금 그가 가장 관심을 두는 식물은 떡갈잎수국이다. "몸짓에는 많은 것들이 담겨 있습니다. 조각들이 서로 어떻게 연결돼 있는지, 어떤 비례인지 살펴야 합니다. 식물에는 어떤 웅장함이 있습니다. 마치 시와 같죠."

여느 훌륭한 예술가와 마찬가지로 그는 그만의 미학을 파고든다. 그는 셰익스피어식의 실존적인 질문을 고민한다. 꽃을 꽃이게 하는 것은 무엇일까. 만약 그 꽃이 다른 향기나 형태, 색채를 지니게 된다면 여전히 같은 꽃이라고 할 수 있을까?

굽타에게 펼쳐질 앞으로의 인생 여정은 그가 어린 시절을 보낸 카슈미르의 정원처럼 다채롭고, 영감으로 가득할 것이다.

왼쪽: 굽타는 새로운 조화를 만들기 전에
꽃잎과 색깔에 대해 세심히 공부하고, 그
것에 가장 적합한 재료를 선택한다. "각 서
랍에는 꽃의 재료가 담겨 있어요. 여긴 일
종의 실험실이죠." 그가 말한다.
위: 사진 속 그림은 오렌지 호크위드
*Hieracium aurantiacum*로, 미국의 몇 개 주
에서는 잡초로 분류되기도 한다. 그림은
모형을 만들기 전에 고객을 위해 그린 것
이다.

굽타는 애디론댁산맥의 야생화에 영감을
받아 열두 송이의 조화를 만들었다. 그의
작품은 최근 볼튼역사박물관에 전시됐다.
아래 사진은 그가 북아메리카에서 흔히
볼 수 있는 관목인 캐롤라이나장미를 만드
는 모습이다.

오른쪽: 일본식 꽃꽂이로 연꽃을 연출했다. 굽타는 인테리어 디자이너 제드 요한슨의 형인 재이 요한슨의 개인 정원을 방문했을 때 본 연못과 꽃에서 영감을 받아 이 작품을 만들었다.

아래: 굽타는 빛을 찾아 몸을 휘며 성장하는 제라늄을 좋아한다. "놀라운 시적 몸짓이라고 생각해요." 그가 말한다.

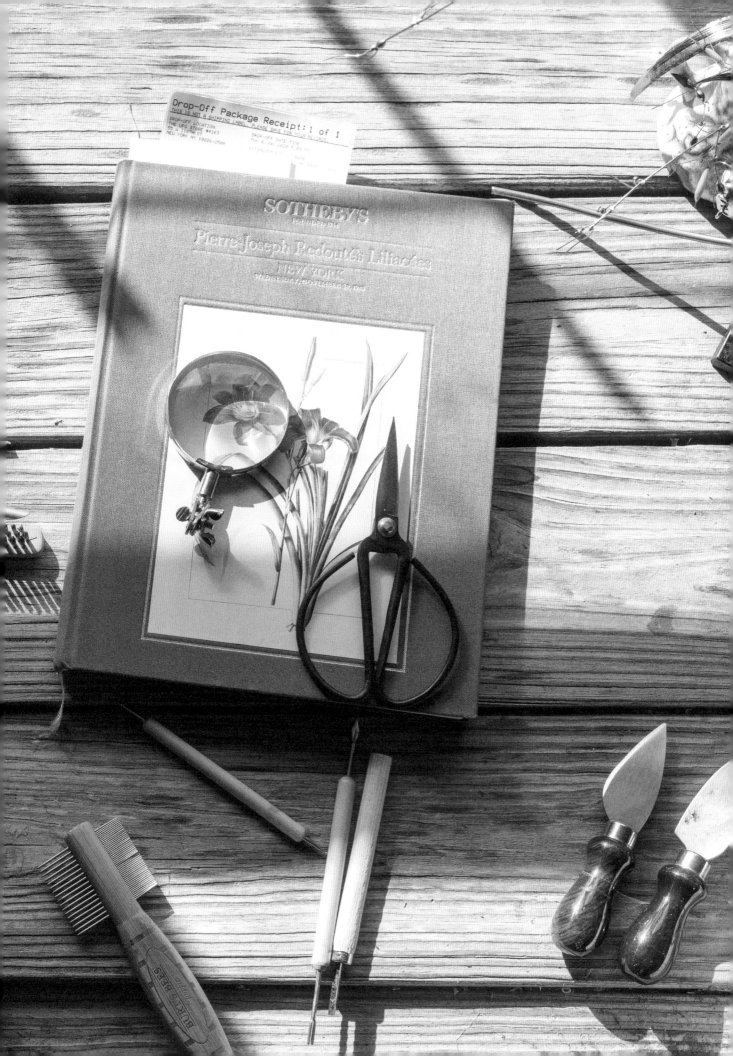

"식물에는 어떤 웅장함이 있습니다. 마치 시와 같죠."

종이 공예는 이미 수 세기 전부터 있었지
만 굽타는 그 전통을 따르지 않는다. 그는
종이 타월로 줄기를 만들고, 화장지로 암
술과 수술을 만든다. 그리고 요리에 쓰는
식용 염료로 꽃의 색을 표현한다.

CÉCILE DALADIER

세실 달라디에

도예가 세실 달라디에는 섬세한 야생화를 위한 조형적이고 독특한 화병을 만든다.
파리에서 태어난 그의 삶과 작업에 영감을 주는 것은 드롬 농가의 풍요로운 풍경이다.

파리 출신 예술가 세실 달라디에는 노트르담 대성당과 센강이 내려다 보이는 집에서 어린 시절을 보냈다. 그의 집에는 아버지가 손수 만든 안뜰 정원이 있었는데, 덕분에 그의 침실 창틀로 늘 새들이 찾아 들곤했다. 주말이나 방학에는 조부모님의 시골집에 머물며 숲을 산책하고, 정원 꾸미는 일을 돕기도 했다. 자연과 가까이 지냈던 이 시절은 그에게 소중한 추억으로 남아 있다. 달라디에는 말한다. "정원을 사랑하게 된 데에 특별한 계기 같은 건 없었어요. 그저 언제나 그래 왔을 뿐이죠."

현재 그는 건축가인 남편 니콜라스 술리에와 개 한 마리, 고양이 두 마리와 함께 프랑스 남부 론 지역의 해발 800미터에 자리한 농가에 살고 있다. 1985년 두 사람은 바위산과 목초지가 펼쳐진 이곳의 부지를 구입했고, 수 년에 걸쳐 개조하고 정비해나갔다. 삶의 터전을 도시에서 전원으로 점진적으로 옮겨온 셈이다.

달라디에는 9만 평이나 되는 넓은 대지를 어떻게 창의적으로 구성해 왔는지 설명한다. 토양의 석회 성분 함량이 높고 야생 초목이 무성하게 자란 가파른 경사지였기 때문에 선택은 제한적이었다. 그는 조건에 적합한 식물만을 선택해 심었다. "이곳은 전형적인 정원은 아니에요." 그가 말한다. "정원보다는 훨씬 넓은, 열린 공간에 가깝죠." 달라디에는 나무는 잘 관리하고 있지만 가파른 언덕 위의 잡초는 자르지 않고 그대로 자라도록 두었다. 대신 집 담장을 따라 경작지를 만들고 그곳에 정원에 대한 열정을 풀어내고 있다. 달라디에는 들판에서 자라는 식물은 물론 지역 시장에서 찾은 식물도 함께 심는다. "저는 야생종, 재배종 모두 좋아해요." 달라디에가 설명한다. 그는 언젠가 푸른색 매발톱을 심은 적이 있다. 산림에서 잘 자라는 매발톱은 색이 화려한 작은 꽃을 피

운다. 이후 바로 옆에 검은색 매발톱을 심었다. 그런데 며칠 후, 분홍색 매발톱이 그 사이에 자라고 있는 모습을 볼 수 있었다. "모든 것이 자연의 마법 같아요."

좋은 가드닝이란 환경에 대해 알고 이해하면서 자연이 제 할 일을 하도록 두는 것이라는 걸 그는 시간이 갈수록 깨닫게 됐다. "당신이 이미 가지고 있는 것들, 그리고 당신보다 먼저 그 공간에서 살아왔던 것들로 시작할 것. 이게 정원에 대한 제 철학이에요." 그가 말한다. "정원을 만들기 전에 적어도 몇 달 동안은 그 장소에서 살아봐야 해요. 1년 정도 지낼 수 있다면 더 좋고요. 그러면 그곳에 어떤 일이 일어나는지, 무엇이 자라고 무엇이 사라지는지 알 수 있어요."

"우리는 잘 알고 있다는 생각에 빠져 많은 실수를 하죠." 달라디에 또한 처음 이곳을 가꾸기 시작했을 때 번식력이 강하고 정원에 잘 어울리지 않는다는 이유로 원래 자라던 식물을 뽑아냈다. 그가 한탄하며 말한다. "그저 기다려야 해요. 자연은 선물이니까요. 그대로 둘 때 가장 아름답죠."

두 사람의 농가 생활에 규칙은 없다. 달라디에는 넓은 아틀리에에서 일하거나 꽃을 심고(최근에는 보라색 꽃이 만발한 등나무 꽃과 가지를 모으고 있다) 피아노를 치거나 책을 읽으며(주로 마르셀 프루스트의 책) 시간을 보낸다. 그러나 그의 하루를 관통하는 것은 결국 자연과의 관계다. "저는 매일 식물과 함께 일해요. 정원을 가꾸고, 식물이 꽃을 피우도록 도와주고, 필요하면 물도 주고. 때때로 그냥 멈춰 서서 저를 둘러싼 자연의 아름다움을 관찰하기도 해요. 이런 것들이 제가 하는 일에 영감을 주고, 또 제 창의력이 숨 쉴 수 있는 공간이 되어주기도 하죠."

달라디에의 홈 스튜디오에는 화분이 많다.
그는 자연의 요소와 그것의 과정에서 영향
을 받는다. 스튜디오에서 그는 추상화, 환
경예술, 설치예술, 오브제, 정원을 만든다.

정원은 여름에 가장 극적인 변화를 보인
다. 달라디에가 정문 양쪽에 심어놓은 등
나무가 농가의 돌담을 덮고 있다. 5월이
면 향기로운 보라색 꽃을 피워내는 등나
무는 8월에 한 번 더 가볍게 꽃을 피우기
도 한다.

아래 오른쪽: '피크 플뢰르'라고 불리는
이 작은 화병은 꽃 한 송이를 꽂기에 적
당하다.
왼쪽: 달라디에는 도자기를 구울 때 옛날
프랑스 소방관이 착용하던 헬멧을 쓴다.

산으로 둘러싸인 달라디에의 농가에서는
론 계곡이 바라다 보인다. 이 지역은 도시
를 떠나온 그가 새로 정착하기에 이상적인
곳이었다. 드롬은 예부터 도자기로 유명한
마을이다. 특히 근처 마을 클리우스클라
Cliousclat와 디윌르피Dieulefit가 유명하다.

여섯 가지 팁

꽃다발은 삶에 활기를 불어넣고 다채로움을 더한다. 일종의 '살아 있는 그림'이라고 볼 수 있다. 하지만 꽃은 살아 있기에 싹을 틔우고, 짧은 삶을 지나 이내 시든다. 이번 장에서는 꽃을 최대한 활용하는 방법과 꽃의 수명을 늘리는 방법, 자연에서 채집한 재료를 연출하는 방법과 꽃을 말리고 눌러서 보관하는 방법 등 다양한 꽃 활용 방법을 소개한다.

How to Create with Flowers

꽃을 창의적으로 활용하는 법

글: 에이미 메릭

『꽃에 대하여On Flowers』의 저자

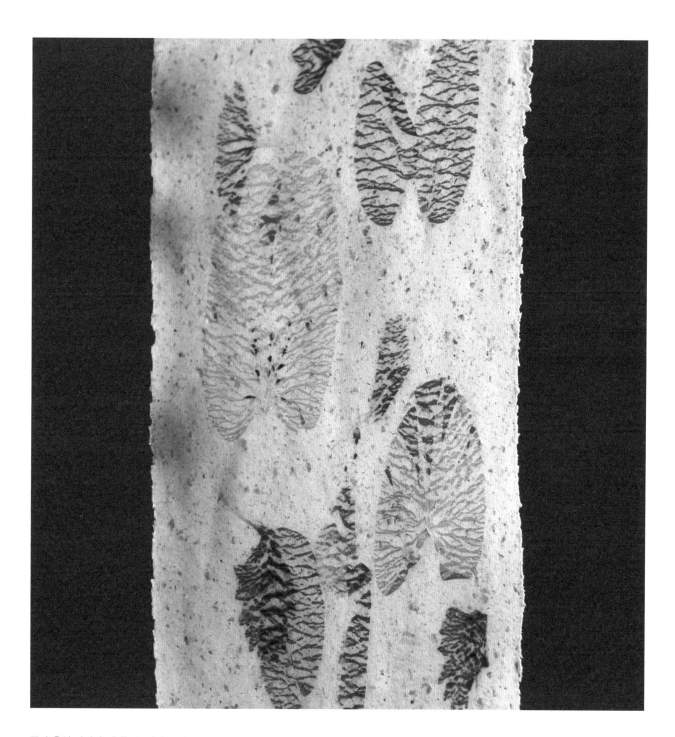

꽃과 음식 사이의 경계는 분명하지 않다. 아름다운 것들은 일면 먹음직스러워 보이기도 하기 때문이다. 이러한 충동은 충분히 이해할 만하다. 우리는 일상적으로 식물의 열매, 뿌리, 씨앗을 먹고 있다. 꽃은 요리에 아름다움과 풍미를 더하고, 영양까지 보충해주는 훌륭한 재료다.

　하지만 신중히 선택해야 한다. 모든 꽃을 먹을 수 있는 건 아니다. 식용 테스트를 통과한 품종인지 확인하고, 농약을 주지 않고 키운 것을 사용해야 안전하다. 그렇다면 본격적으로 요리에는 어떻게 활용할 수 있을까? 가능성은 무한하다. 후추와 비슷한 식감이 나는 한련화는 샐러드에 넣어

즐길 수도 있고, 후추의 풍미가 필요한 파스타 같은 요리에 활용할 수도 있다. 엘더베리꽃을 증류하면 그 농축액으로 코디얼 같은 음료를 만들 수 있고, 혹은 튀김옷을 입혀 튀긴 다음 설탕을 뿌려 꽃 튀김을 만들어 먹을 수도 있다. 장미 꽃잎을 정류 혹은 증류하여 장미물을 만들 수도 있다. 수세미과의 꽃과 원추리꽃은 리코타 치즈를 첨가해서 살짝 튀겨 내도 좋다. 차이브처럼 꽃이 피는 허브를 샐러드에 넣으면 파나 양파 등의 식감과 식초의 풍미를 더할 수 있다. 부드러운 보리지, 펜지, 라일락, 제비꽃, 제라늄의 꽃잎은 어느 케이크에나 장식으로 활용해도 좋다.

꽃 말리기

드라이플라워는 단순히 화병에 꽂아 놓은 꽃을 그대로 두거나 시들게 하는 것이 아니라, 오래 보관할 수 있게 제대로 말리는 것을 말한다. 꽃 모양을 유지하려면 신선한 상태에서 말려야 한다. 다발을 만들고, 줄기를 묶은 다음 공기가 잘 통하는 어둡고 건조한 곳에 걸어둔다. 온도가 따뜻하면 더 좋다. 다락방이나 정원 헛간이 이상적이다. 다발이 완전히 마를 때까지 2~3주 동안 그대로 둔다. 드라이플라워를 만들기 적합한 꽃으로는 셀로시아, 수국, 라벤더, 루나리아와 톱풀 등이 있다.

압화 만들기

마른 꽃잎은 지난 시절의 향수를 불러 온다. 압화를 만들고자 한다면 먼저 두툼한 책을 준비하자. 꽃잎에 주름이 지지 않도록 무거운 책으로 꽉 눌러 주는 게 좋다. 꽃은 구조가 단순한 것을 선택하는 게 좋다. 펜지, 제비꽃, 앵초 등이 압화에 적합하다. 장미나 튤립처럼 두툼한 꽃을 평평하게 누르려면 기계식 장비가 필요할 것이다. 신문지를 펼치고 꽃을 놓은 뒤 책으로 눌러주고, 따뜻하고 건조한 곳에 놓아주자. 꽃들이 종이처럼 얇게 건조될 때까지 두면 된다.

봄   **여름**

봄은 작은 것들부터 시작된다. 작은 꽃들은 추위에 떨고, 나뭇가지의 아주 작은 녹색 새싹이 부풀어 오른다. 유리 온실에서 일찍 꽃을 피우는 스노우드롭과 무스카리는 마치 비를 흠뻑 맞은 듯 차분하고 아름답다. 시간이 흐르면 작은 물방울이 모여 급류가 되듯 꽃망울이 터지고, 싹이 돋아나고, 지면으로부터 꽃대가 솟아오른다. 알뿌리 식물들이 여기저기 꽃을 피우고, 정원은 흐드러지게 핀 장미꽃으로 가득 찬다. 늦봄은 억누를 수 없는 활기로 넘친다. 네덜란드의 화가가 그려낸 듯한 형형색색의 꽃들이 봄을 축복한다.

여름의 꽃은 크게 까다롭지 않다. 초원에 핀 야생화는 바람에 흔들리고, 인근 농장에서 온 해바라기는 하늘을 향해 키를 더욱 높이고, 유리병에 담긴 데이지는 부엌 식탁을 화사하게 밝힌다. 느슨한 꽃다발 사이로 바람이 불고, 소박한 꽃병이 해질 무렵 우리의 기분을 상쾌하게 한다. 시장에는 사람들이 좋아하는 백일홍과 달리아가 나와 있고, 풍성한 과일과 채소가 식탁을 채운다. 여름철 토마토, 펜넬꽃, 로즈마리, 진한 자주색 바질, 캐모마일은 요리에 활용할 수도 있고, 화병에 꽂아 즐길 수도 있다.

가을　　　　　　　　　　　　**겨울**

가을날의 포근한 질감과 이야기는 사람들에게 휴식으로 다가온다. 로즈힙은 덤불 속에서 빨갛게 익어가고, 아스클레피아스의 씨앗 꼬투리는 솜털이 보송보송한 구름처럼 터져 나온다. 꽃을 피웠던 자리에는 열매가 익어가고, 나무는 무거운 열매를 늘어뜨리고, 진한 보랏빛 수수와 구리빛 아마란스 같은 곡물들은 줄기를 출렁거리며 익어간다. 아스타, 국화, 앤티크 수국 같은 꽃들은 서리의 첫 키스를 맞기 전까지 버틸 것이다. 이 계절에는 라탄 바구니와 나무 그릇이 특히 잘 어울린다.

겨울은 언뜻 황량해 보일 수 있다. 하지만 자연은 다른 이야기를 전한다. 모든 광란한 산만함이 사라진 겨울에는 풍경의 구조와 영혼이 드러난다. 향기를 품은 상록수는 바람에 흔들리고, 조형적인 모습의 나뭇가지에는 새들의 둥지와 라이켄(나무에 붙어사는 이끼)과 이끼 덩어리들이 자리를 잡는다. 하얀 수선화의 알뿌리, 아마릴리스, 헬로보루스, 시클라멘이 집 안에 색을 더하고, 그릇에 담긴 감귤이 따뜻한 분위기를 자아낸다. 나뭇가지에 내린 벨벳 같은 눈은 이른 봄을 재촉한다. 겨울 꽃의 단순함과 소박함은 가치를 아는 사람에게만 보인다.

꽃은 시든다. 슬프지만 어쩔 수 없는 사실이다. 그러나 덧없음은 꽃의 미덕 중 하나이다. 절화를 오래 간직하려면 화병에 꽃을 때까지 신선함을 유지하는 것이 기본이다. 화병, 양동이, 가위는 박테리아가 유입되지 않도록 꼼꼼하고 깨끗하게 관리하고, 줄기는 물을 잘 흡수할 수 있도록 예리하게 45도 각도로 잘라준다. 화병에 꽃을 꽃기 전에 물 아래로 잠기는 잎이 없도록 잎을 뜯어내야 한다. 그렇지 않으면 잎이 썩으면서 고약한 냄새를 풍긴다.

꽃대가 잘린 꽃은 햇빛이 드는 곳을 좋아하지 않는다. 뜨겁고, 빛이 잘 드는 곳의 꽃은 좀 더 빨리 시든다. 시원하고 그늘진 곳에 꽃을 두고, 화병엔 차가운 물을 채워주자. 물을 인색하게 줄 필요는 없다. 꽃들은 꽃병 가득 물이 차오르면 행복해한다. 꽃이 자연스럽게 지기 시작하면 먼저 시든 꽃을 제거한다. 그리고 남은 꽃들로 다시 작은 꽃다발을 만들고, 물을 갈아주자. 이때 줄기 끝을 잘라주면 꽃이 다시 생생해진다. 어떤 꽃은 며칠을 더 견뎌줄 것이고 혹은 몇 주를 견딜 수도 있다. 꽃이 주는 즐거움은 측정이 불가능하다.

6. 나뭇가지 활용하기

반드시 활짝 핀 꽃으로만 꽃꽂이를 하는 건 아니다. 꽃이 전혀 필요하지 않을 때도 있다. 활짝 핀 꽃 너머의 세계를 살펴보자. 창의력과 지속 가능성에 영감을 주고, 자연에 경외감을 느끼게 할 만한 것들이 많다. 자연에서 채집한 잎이나 가지를 활용하여 꽃꽂이를 할 경우 본질적으로 계절과 환경을 더 많이 반영하게 된다.

　마치 조각처럼 보이는 나뭇가지에는 구조적 매력(흔히 볼륨이라고 표현하는)이 있다. 푹신하고 무성한 이끼를 얕고 낮은 접시에 담으면 테이블 위에 숲의 축소판을 만들 수 있다. 길에서 흔히 볼 수 있는 깃털 모양의 갈대를 활용하여 거실에 물결치는 초원을 만들어도 멋지고, 서로 다른 크기의 갈대 깃을 각각 유리 병에 넣어 장식해도 좋다. 은색 베고니아나 불타오르는 듯한 콜레우스처럼 평범하지 않은 색을 지닌 식물을 화병에 꽂아두거나 대형 야자나 바나나 잎으로 열대 분위기를 연출해보자. 다만 이렇게 꽃이 아닌 재료들을 채집할 때는 조심해야 한다. 바닥에 떨어진 게 아닌 식물의 줄기나 잎을 직접 자를 때는 반드시 여분이 충분한지 먼저 점검해야 한다. 자른 뒤에도 조금도 손대지 않은 것처럼 보여야 한다.

Vases

화병

이틀이나 사흘에 한 번은 화병의 물을 갈아줘야 한다. 이 스테인리스 스틸 파이프 화병은 타블로 앤드 블록 스튜디오Tableau and Bloc Studios의 제품으로, 원석 받침대와 쉽게 분리할 수 있게 디자인되었다.

테라코타 화분은 '숨을 쉬기' 때문에 식물에 물을 너무 많이 주곤 하는 초보자에게 적합하다. 냄비에서 영감을 받은 스카게락Skagerak의 테라코타 화분은 유약을 바른 제품이라 투과성이 낮다. 따라서 물을 더 오래 머금는다.

스벤스크 텐Svenskt Tenn의 에이콘Acorn 화병 같은 용기에 신선한 물을 넣고 식물을 넣어주면 싹이 돋아나는 것을 볼 수 있다.

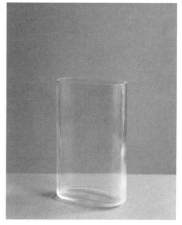

웜 노르딕Warm Nordic의 악틱Arctic 화병처럼 투명한 유리 화병은 고전적인 느낌의 꽃꽂이에 잘 어울린다. 악틱 화병 또한 1960년대에 디자인된 것이다.

화병의 크기는 화병에 담길 식물의 비율이나 스타일을 결정한다. 만약 줄기나 나뭇가지를 연출하고 싶다면 크리스티나 딤 스튜디오Kristina Dam Studio의 돔Dome 시리즈 제품처럼 입구의 크기가 다른 화병을 활용해보자.

이딸라Iittala의 기하학적인 루투Ruutu 시리즈 화병은 다양한 크기와 색상을 자랑한다. 여러 종류의 화병에 꽃을 연출해보자.

PART THREE

Community

커뮤니티

화단을 만들기 위해서는 많은 새싹이 필요하고, 정원을 만들기 위해서는 많은 손이 필요하다.
자연과 함께 꽃처럼 활짝 피어난 글로벌 커뮤니티들을 만나보자.

BABYLONSTOREN

바빌론스토렌

남아프리카 공화국의 보랏빛 사이먼스버그 산자락에 자리한 바빌론스토렌 리조트는
투숙객과 봉사자들을 초대해 유기농 정원을 함께 관리하고,
워크숍을 열어 식물을 채집하고 압화를 만드는 등 다양한 커뮤니티 활동을 주최한다.

바빌론스토렌은 자연과의 공생을 추구하는 곳이다. 그림처럼 아름다운 와인 생산지에 자리한 9000평 규모의 농장과 정원을 갖춘 바빌론스토렌 리조트는 자연의 지혜를 동원해 주변을 구성했다. 예컨대 밭에는 당근과 양파를 나란히 심었는데, 두 채소를 함께 심으면 병충해를 막는 효과를 볼 수 있기 때문이다. 대부분의 길에 자갈을 깔았지만, 몇몇 길은 버려진 복숭아 씨를 깔아 멋지게 포장했다. 또한 노련한 정원사 군둘라 도이칠란터는 매일 과수원으로 오리들을 데리고 가 부드러운 나뭇잎을 갉아먹는 달팽이를 먹어 치우게 한다. 도이칠란터가 산마늘, 고추, 바질, 메리골드를 넣어 제조한 유기농 살충제 덕분에 식물들은 쑥쑥 자란다.

바빌론스토렌 부지에는 1692년부터 이미 유럽식 정원이 있었다. 이는 아시아로 가기 위해 남부 아프리카를 반드시 거쳐야 했던 유럽 선원들과 병사들이 웨스턴케이프 지역을 중간 '급식소'처럼 들르던 역사 때문이다. 바빌론스토렌의 현 소유주 카렌 루스는 2007년 프랑스 건축가 패트리스 타라벨라에게 리조트 건축의 기본 계획을 의뢰했다. 이후 두 사람의 협업은 달콤한 결실을 맺게 된다. 이제 바빌론스토렌을 방문한 사람들은 향기로운 꽃들과 덩굴식물, 나무들과 생울타리, 배나무 미로를 즐길 수 있고, 수세미가 자라는 아치 그늘에서 서성이거나 초원처럼 넓게 펼쳐진 캐모마일 정원에 몸을 누일 수도 있다. 도이칠란터와 그의 동료들은 유럽식 전통 텃밭 정원에 남아프리카 공화국 고원 지대의 자생식물을 들여와 재배했다. 그들은 '오늘날 우리가 일궈낸 성공을 축하해야 한다'라고 자랑스럽게 이야기한다. 바빌론스토렌은 계속해서 정원 팀을 확대하고 있고, 정원 관리법을 배우고자 하는 일반인들을 대상으로 수업도 열고 있다.

바빌론스토렌의 방문객들은 압화를 만들고, 식물을 채집하거나 발효시키는 등의 워크숍에도 참석할 수 있다. 도이칠란터는 말한다. "정보를 나누려는 마음과 배우고자 하는 마음이 서로 맞아떨어진 거죠. 우리는 서로가 서로에게 어떤 도움이 될 수 있는지, 그리고 그걸 이끌어낼 방법은 무엇일지 찾고 있습니다."

도이칠란터는 바빌론스토렌의 자생식물 대부분이 약용으로 쓰인다고 설명한다. "오늘 눔눔베리라는 것을 수확했어요. 학명은 카리사Carissa인데, 너무 멋진 과일이죠. 비타민 C가 풍부하고, 크랜베리처럼 잼을 만들 수도 있어요."

도이칠란터는 자신이 가드닝을 통해 얼마나 많은 에너지를 얻고 있는지 이야기한다. "정원은 정말 많은 걸 베풀어줍니다. 살아 있다는 걸 느끼게 해줘요. 예컨대 오늘도 자원봉사자분들이 바질을 따는 현장 주변을 걷다가 꽃가루 속에서 장난치고 있는 벌을 발견했어요. 저는 잠시 발걸음을 멈추고 바라보았죠. 자연에서 매일 뭔가를 얻고, 강해지는 느낌이 들어요. 변화를 만들어낼 힘을 조금씩 갖게 되는 것 같아요."

군둘라 도이칠란터는 창립 이래 지금까지
바빌론스토렌의 정원을 돌보고 있다. 그는
귀한 아프리카 전통 식물인 소시지나무와
화염목, 악취나무 등이 있는 힐링가든의
수호자이기도 하다.

"정원은 정말 많은 걸 베풀어줍니다. 자연에서 매일 뭔가를 얻고, 강해지는 느낌이 들어요.
변화를 만들어낼 힘을 조금씩 갖게 되는 것 같아요."

위 왼쪽: 달리아를 물에 담가 보관 중이
다. 이 꽃은 기념일을 맞아 바빌론스토렌
을 찾아 온 손님들을 위한 부케를 만드는
데 쓰인다.
위 오른쪽: 아프리카에서 자생하는 쑥과
모링가로 압화를 만들고 있다.

위: 채소 재배 전문가 대릴 콤브린크가 펜
넬과 바질을 심은 밭에 서서 허수아비 '텐
디'를 안고 있다.

오른쪽: 수석 정원사 리즐 반 데르 월트가
배를 수확하는 데 아주 효과적이고 간단한

도구를 보여주고 있다. 빈 깡통으로 만든
이 도구를 나무에 달린 배에 대고 비틀면
배가 깡통 안으로 떨어진다. 이렇게 딴 배
는 씻어서 껍질을 벗기고 차갑게 보관하여
요리에 쓴다.

왼쪽: 식물학자 에른스트 반 야스펠트가
쿠두의 뒤틀린 뿔 한쌍을 높이 들고 있다.
위: 과일나무들을 관리하는 웬들 스나이더
스가 대회에서 우승한 잘생긴 호박을 안고
휴식을 취하고 있다. 바빌론스토렌의 정원
에서 자라는 300여 종이 넘는 식물은 모두
식용 또는 약용이다.

KRISTIAN SKAARUP

&

LIVIA HAALAND

크리스티안 스카룹 & 리비아 홀란

외스터그로의 회원들은 매주 수요일 코펜하겐의 한 건물 옥상에 올라가 농산물을 수확하고
커뮤니티 농장에서 진행되는 일에 대해 논의한다. 외스터그로를 만든 크리스티안 스카룹과 리비아 홀란은
이곳을 단순한 커뮤니티 공간으로 생각하지 않는다. 이곳은 하나의 모델이다.

코펜하겐의 오래된 자동차 경매장 건물 옥상 위에 놀랍게도 180평 규모의 농장이 들어서 있다. 이 농장에서는 허브부터 과일, 뿌리채소, 마늘 구근에 이르기까지 100여 종의 식물이 재배된다. 텃밭 근처에는 닭 아홉 마리와 토끼 두 마리 그리고 세 개의 벌통을 가득 채운 벌들도 있다.

"도시에서 먹을거리를 재배한다는 생각이 너무나 매력적이었죠." 2014년 리비아 홀란과 이곳을 공동 설립한 크리스티안 스카룹이 설명한다. 외스터그로ØsterGro는 브루클린과 시애틀의 공동 옥상 정원과 그곳에서 개척한 공동체적 정신에 영감을 받아 만들어진 덴마크 최초의 공동 농장이다. 외스터그로의 회원들은 1년에 두 번 270달러 정도를 내고 매주 갓 재배한 채소를 받는다. "지역 사회 사람들과 관계를 구축하는 거죠." 스카룹은 매주 수요일 오후에 수확물을 받으러 오는 회원들이 느끼는 연대감에 대해 이야기한다. 자원봉사자들은 4월에서 12월까지 매주 정원에서 농산물을 수확하고, 포장하고, 퇴비를 관리하는 일을 한다. 외스터그로 온실에 있는 아늑한 25석 레스토랑에서는 일주일에 5일간 옥상과 근처 지역 농장에서 재배한 재료로 만든 계절 요리를 제공한다. 그리고 매일 오후 2시에는 자원봉사자들이 모두 함께 마주 앉아 점심을 나눈다. "자원봉사자들끼리 네트워크를 만들었어요. 다행이죠." 스카룹이 덧붙인다. "이곳에 오시는 분들의 국적은 굉장히 다양해요. 처음 오면 지리도 익숙하지 않고, 아는 사람도 적으니까 서로

만나고 정보를 공유할 수 있는 네트워크가 있는 건 좋은 일이죠."

조경가인 스카룹은 늘 도심 속 녹색 지대에 매료되곤 했다. 코펜하겐에는 푸르른 공원과 넓고 개방된 공간이 많지만, 그 공간에 대한 규제 또한 많다. "규제 때문에 사실상 그곳에서 뭔가를 할 수는 없어요." 스카룹이 설명한다. 따라서 스카룹과 홀란은 주민들이 식량 생산에 대해 배우고, 직접 체험할 수 있는 참여 공간을 만들고자 했다. "도심에서 그저 머무는 대신 주도적으로 뭔가 체험할 수 있는 시간을 제공하는 거죠. 흙을 만지며 손과 옷을 더럽히고, 식물이 자라는 것을 지켜보고, 열매를 수확하는 건 분명 새로운 경험입니다. 그리고 이 일에는 일종의 치유 효과가 있어요." 스카룹이 덧붙여 말한다.

스카룹은 외스터그로가 지역 사회 식량 생산의 새로운 모델이 되기를 바란다. 그는 농업 산업의 세계화와 그들의 작은 옥상이 미칠 수 있는 영향력에 대해 잘 알고 있다. "물론 코펜하겐의 작은 옥상에서 필요한 모든 재료를 다 키울 수는 없겠죠." 그러나 스카룹은 지속 가능성을 고려한 소비와 실천을 보여줌으로써 식량 생산에 대한 사람들의 태도를 바꿀 수 있기를 희망한다. 그는 외스터그로가 추구하는 원칙이 도시 거주자들의 행동 강령이 되기를 바란다. 그 원칙은 지역에서 생산되는 제품 구매하기, 유기농 농산물 소비하기, 음식물 쓰레기 줄이기 등이다. "결국은 가치관의 문제입니다. 이제는 양이 아니라 질을 중요하게 생각해야 할 때니까요."

왼쪽: 자원봉사자들이 아침 일을 마치고
외스터그로의 텃밭에서 재배한 채소를 곁
들여 점심 식사를 하고 있다.
아래: 온실에 전시 중인 유기농 꽃들. 모란,
서양톱풀, 라바테라, 아스트란티아*Astrantia*
가 나란히 놓여 있다.

외스터그로에서 재배하는 모든 농산물은
유기농이다. 수확한 채소는 지역 사회 구
성원에게 판매하거나 농장에서 운영하는
온실 스타일의 레스토랑에서 손님들의 식
사 재료로 활용한다.

아래: 스카룹과 자원봉사자가 벌집을 살
피고 있다.
오른쪽: 홀란이 닭장의 닭들에게 농장의
부산물을 모이로 주고 있다.

LUCIANO GIUBBILEI

루치아노 주빌레

가든 디자이너 루치아노 주빌레가 마요르카 도예가의 전통 가옥을 발견했을 때, 그는 한 가지 좋은 생각을 떠올렸다. 그곳을 창조적인 공간이자 자연과 교감할 수 있는 휴양지로 디자인하는 것이었다.

많은 상을 수상한 정원 디자이너 루치아노 주빌레는 소년 시절 이탈리아 토스카나 지방의 중세 도시 시에나의 2층 아파트에서 할머니와 함께 살았다. "어릴 때 저는 정원에 전혀 관심이 없었어요. 주변에 정원이란 게 없었거든요."

집을 떠나 독립한 후 주빌레는 요리에 필요한 재료를 얻으려는 단순한 의도로 채소밭을 일구기 시작했다. 그러나 그는 곧 식물을 키우는 지극한 즐거움을 깨닫게 되었다. 주빌레는 섬세하고 아름다운 테라스 가든과 토스카나 지역의 전통 저택으로 유명한 빌라 감베라이아에서의 도제 생활을 마친 후, 영국 런던에 있는 인치볼드 디자인 학교에서 공부를 이어갔다. 그리고 현재 그는 정원을 만들고 있다. 그러나 그가 진행하는 프로젝트의 규모와 연구의 방대함을 고려하면 '정원을 만든다'는 표현은 다소 소박한 느낌이다. 요즘 주빌레는 스페인 발레아레스제도의 포르멘테라에 정원을 만드는 프로젝트에 착수했다. 제작 기간은 무려 5년이다.

"그 공간의 언어를 먼저 익힐 필요가 있어요." 그는 정원을 설계하기 전에 그곳의 자연이 지닌 조건과 성격을 깊게 이해해야 한다고 설명한다. "그리고 모든 과정에서 아름다움과 실용성을 고려해야 하죠. 물론 이걸 조율하는 데는 시간이 걸리기 마련입니다."

주빌레는 마요르카에 자주 들렀는데, 그러던 어느 해에 그는 두 개의 테라스와 작은 텃밭 정원이 딸린 마요르카 전통 주택에 사는 도예가와 친분을 쌓게 되었다. 그러나 그로부터 넉 달 뒤 그 도예가는 사망했고, 주빌레는 주변의 권유로 죽은 예술가의 주택을 구

입하기로 한다. 집을 개조하는 동안 주빌레는 그 공간이 앞으로 어떻게 활용되면 좋을지 고민했다. 그는 이곳에 '도예가의 집'이란 이름을 붙였다. "이 집의 목적을 새로이 구축하는 게 매우 중요했습니다. 그 목적은 창작에 대한 것이어야 했어요. 창의적인 예술가들을 이 공간에 오도록 하는 것이어야 했고요."

그의 첫 손님은 스웨덴의 도예가 마리아 크리스토퍼슨이었다. 그는 이곳에서 8주 동안 머물렀다. 그리고 올해는 두 명의 예술가가 방문할 예정이다. 한 명은 영화와 드로잉, 음악에 재능을 갖고 있는 다재다능한 예술가이고, 다른 한 명은 또 다른 도예가다. "이곳은 그들의 공간이에요." 주빌레가 말한다. 그는 그곳에 머물다 가는 예술가들의 작품을 사서 집 안 곳곳에 전시해둔다. 그렇게 그들의 방문을 기록하는 것이다. "이 곳이 그들의 작품과 에너지로 가득 차 있다는 게 참 좋습니다."

집에서 차로 5분쯤 흙길을 따라 내려가면 최근 주빌레가 새로 임대한 들판이 나온다. 돌담이 둘러싸고 있는 들판에는 자생식물과 이국적인 식물이 넘쳐난다. 그는 이 들판 또한 그의 집을 찾는 손님들에게 창작에 대한 영감과 연대감이 넘치는 공간으로 제공하려 하고 있다.

"'도예가의 집'에 오면 누구나 아름다운 순간을 공유할 수 있죠. 단지 집뿐만 아니라 주변 경관도 함께요." 주빌리는 말한다. "우린 사람들을 초대하고, 식사를 함께 나누며 친근한 시간을 보냅니다."

위: 오래된 석류나무가 정원에 서 있고,
그 아래로 털수염풀, 뮤렌베키아 덩굴
Muehlenbeckia complexa, 머틀 덤불*Myrtus
microphylla*이 보인다.

"우린 사람들을 초대하고, 함께 식사를 나누며 친근한 시간을 보냅니다."

왼쪽: 주빌레는 테라스에 덩굴식물을 많이 심었다. 사진 속 건물을 감싸 오르는 식물은 봄에 새잎을 피우는 담쟁이덩굴이고, 멀리 보이는 담장을 덮은 덩굴은 털마삭줄과 푸밀라고무나무이다.

KAMAL MOUZAWAK

카말 모자왁

카말 모자왁은 직접 키운 채소로 베이루트 요리를 만들겠다고 생각했다.
그리고 이 생각은 주말 시장을 여는 일로, 직접 키운 식재료를 사용하는 레스토랑을 운영하는 일로 이어졌다.
그리고 이제는 정원이 딸린 게스트하우스를 운영하는 일로 이어지고 있다.

카말 모자왁은 레바논에서 가장 세련된 도시 베이루트에 살고 있다. 그는 어린 시절에 자신의 샌드위치에 들어 있던 전통 빵 타누르를 좋아하지 않았다. "다른 아이들은 모두 유행하던 아라비아 빵을 먹고 있었거든요." 도시와 20킬로미터 정도 떨어진 마을에서 자란 그는 철마다 수확하는 채소와 레바논의 전통적인 납작한 빵을 먹으며 자랐다. 여름엔 정원에서 직접 딴 포도와 파슬리를 먹었고, 농장을 하던 삼촌은 수확한 오렌지를 상자째로 가져오곤 했다. "땅에서 나온 것들을 먹었어요." 그가 말한다. "콘셉트 같은 게 아니었어요. 그게 그냥 우리 일상이었죠."

지역 전통에 대한 경험과 해박한 지식을 바탕으로 그는 음식과 여행에 대한 글을 쓰는 작가로 자리 잡았고 레바논에서 좋은 평판을 얻을 수 있었다. 그 후 2004년 그는 주말 시장인 '수크 엘 타예브Souk El Tayeb'를 연다. 각 지역의 농부들은 그들이 생산한 유기농 농산물을 이 시장에서 직접 판매할 수 있었다. 농가와 도시에 거주하는 소비자들을 직접적으로 연결하는 방식이었다. "도시에 사는 사람들에게 음식이란 단순히 슈퍼마켓에서 구입하는 상품에 지나지 않죠. 그 음식을 만들기 위해 누군가는 씨를 뿌리고, 농사를 짓고, 요리를 했다는 걸 잊고 사니까요."

2009년 모자왁은 베이루트의 마르 미카엘 지역에 레스토랑 '타우렛'을 열었다. 레바논은 여전히 뿌리 깊은 종파 분열과 정치적 문제로 어려움을 겪고 있지만, 타우렛은 협업의 공간이다. 모자왁은 타우렛의 주방으로 전국 각 지역의 여성들을 초대해 그들의 전통 요리를 부탁했다. 그리고 그것을 레스토랑 손님들에게 선보였다. 타우렛을 찾은 손님들은 해안 도시 사이다Saida부터 농업이 융성한 베카밸리Bekaa Valley에 이르기까지 다양한 지역의 전통 음식을 만날 수 있었다. "이토록 다양한 공간에 속한 다양한 사람들 속에서 공통점을 찾는 거죠." 모자왁이 말한다. "공통점은 정치도 아니고, 종교도 아닙니다. 전통의 표현이야말로 시공간을 뛰어넘어 사람들의 마음에 가닿을 수 있는 거의 유일한 표현입니다. 그중에서 제가 선택한 것은 요리이죠."

모자왁은 전통에 대한 자부심으로 또 다른 모험을 시작했다. 바로 주택을 개조하여 만든 게스트하우스 베이트두마를 운영하는 일이다. 그는 숙소에 머무는 손님들에게 시골 생활에 대한 즐거움을 알려 주고자 한다. 모자왁과 그의 파트너인 패션 디자이너 라비 케이로우즈는 2015년에 그들이 살던 18세기에 지어진 빌라를 여섯 개의 방으로 분리된 숙소로 개조해 베이트두마를 만들었다. 두 사람은 건물의 외관 벽을 세심하게 복원한 후, 파스텔 톤의 패치워크와 액자, 화려한 자수가 놓인 수자니suzani 직물과 꽃으로 내부를 장식했다.

숙소 앞 텃밭에는 중동식 샐러드의 주요 재료인 파슬리와 수프의 재료인 근대가 자라고 있다. 물론 정원을 아름답게 어우르는 꽃들도 있다. "우리는 수천 개의 야생 붓꽃을 심었어요. 봄에 아주 커다랗고 하얀 꽃을 피우죠. 꽃을 피우는 덩굴은 인근 산을 뒤덮을 정도로 풍성하게 자라고, 장미 또한 고지대인 이곳 환경에서 아주 잘 자란답니다." 숙소 옆의 올리브나무와 과일나무를 가리키며 그가 말한다.

베이트두마를 찾는 손님들은 전통적인 레바논 가정에서 흔히 볼 수 있는 중앙 거실 다르dar에서 편안한 시간을 보내고 환한 빛이 들어오는 주방에서 점심 식사를 한다. 정원에 있는 벽돌 가마에서 구운 납작한 모양의 빵 마나키쉬를 맛볼 수 있기도 하다. 모자왁은 오늘도 그의 숙소에 머무는 이들의 '영혼을 살찌울 수 있기를' 바라며 그들에게 풍성한 음식을 대접하고 있다.

"전통의 표현이야말로 시공간을 뛰어넘어 사람들의 마음에 가닿을 수 있는 거의 유일한 표현입니다.
그중에서 제가 선택한 것은 요리이죠."

왼쪽: 모자왁은 베이트두마의 텃밭 정원을
프랑스식으로 디자인했다. 허브와 관상용
꽃, 과실수, 채소를 혼합하여 심었다.

위: 중동식 샐러드를 만들기 위해 부엌에
서 파슬리를 다지고 있다. 테이블 위에 있
는 소나무는 2015년 크리스마스트리를 만
들기 위해 농원에서 구입한 것이다. 모자
왁이 당시를 회상하며 말한다. "원래는 지
금의 절반 정도 되는 크기였어요."

위: 베이트두마의 텃밭 정원 테라스에 앉아 있는 모자왁.
오른쪽: 커다란 아름드리 꽃다발은 정원에서 따온 것이다. 떡갈나무 가지와 국화가 보인다.

MONAI NAILAH McCULLOUGH

모나이 나일라 매컬로

식물을 좋아하는 밀레니얼 세대들의 인플루언서 모나이 나일라 매컬로는 '플랜트맘'으로 불린다.
매컬로는 한때는 뉴욕에서, 지금은 다른 도시에서 커뮤니티를 육성하며 활동 중이다.
식물을 돌보는 일이 자기 몸 건강을 챙기는 것만큼이나 중요하게 여겨지는 곳, 암스테르담이다.

모나이 나일라 매컬로는 자신을 '플랜트맘Plnat Mom'이라고 소개한다. 그는 뉴욕에 살던 시절 단순한 취미로 정원을 가꾸기 시작했으나 곧 전문적인 원예사로 직업을 바꾸었다. 매컬로는 원래 패션 기업에서 공간을 디자인하는 비주얼 MD로 일했었다. 뉴욕 태생인 그는 자연에 둘러싸여 자라진 않았으나, 그럼에도 불구하고 어떻게 식물을 돌봐야 하는지 직관적으로 알게 됐다고 한다. "저도 처음 시작했을 때는 서툴렀죠. 키우는 식물마다 금방 죽었으니까요." 매컬로가 웃으며 설명한다. 실패를 통해 배웠던 셈이다. "어떻게 해야 오래 살려둘 수 있을까 고민하고 배우려 했어요."

매컬로는 7년 동안 150여 종의 식물을 키웠다. 그는 식물을 '돌봐야 하는 아이들'이라고 말한다. 비주얼 MD로 일하던 그는 2018년 암스테르담으로 이주하면서부터 '플랜트맘'이라는 사업체를 시작하고 원예사로 활동해왔다. 그는 한 달에 두 번 지역 주민들을 위해 강연을 하며 도시에서 식물을 키우는 노하우와 기초적인 분갈이 요령 등을 가르친다. 소호하우스에서는 그에게 좀 더 구체적인 실습 강좌를 의뢰하기도 했다. 그는 최근 수강생들에게 '고케다마'를 가르쳤다. 고케다마는 일본의 전통 원예 방식으로, 흙 없이 이끼로만 뿌리를 감싸는 기법이다.

매컬로는 식물 관리와 정원 디자인에 관해 개인적으로 컨설팅을 제공하기도 한다. 비주얼 MD로서의 경력을 유용하게 활용하는 셈이다. 그는 주방 벽을 나뭇잎 시트로 디자인하기도 하고, 우유병을 화분으로 재활용해 쓰고, 텅 비어 있던 계단 위 공간을 화려한 실내 정원으로 만들기도 한다. 매컬로가 말한다. "저는 사람들의 집에 찾아가 식물을 위한 공간을 조성하는 일을 하죠. 굉장히 즐거워요." 그는 최근 스스로의 웰빙에 관심이 있는 젊은 전문가들의 커뮤니티가 많아졌다고 이야기한다. 그는 식물이 자기 계발의 기회를 제공한다고 믿는다. "식물을 돌보는 일은 자신을 돌보는 방법을 배울 수 있는 가장 좋은 길이에요." 그는 말을 잇는다. "내가 왜 식물을 오래 살려두지 못하는지, 그 이유를 파악하게 되면, 나의 주거 환경에 무엇이 부족한지도 알게 돼요. 식물을 집에 들이면 결과적으로 더 나은 생활을 할 수 있게 되는 이유예요."

매컬로는 밀레니얼 세대가 흠모하는 매력적인 원예사이자 인플루언서다. 그의 인스타그램 계정에서는 인공의 대도시에서 자연의 존재를 부각해온 그의 사진들을 볼 수 있다. 금발로 물들인 세련된 짧은 머리를 한 그가 도심 속 푸른 정글에 서 있는 모습들을. "도시에 산다는 게 곧 자연이 없는 곳에 산다는 걸 의미하지 않아요. 이걸 사람들에게 이해시키고자 해요." 그가 말한다. "우리가 하는 일 모든 것이 자연입니다. 우리 자체가 자연이기도 하고요. 식물을 키우는 일은 단지 그 연장일 뿐이죠."

암스테르담에 있는 정원 '호르투스 보타
니쿠스Hortus Botanicus'에서 매컬로를 만
났다. 정원 온실에는 희귀한 열대 표본식
물이 많지만, 매컬로는 조금 덜 화려한 야
외 공간도 좋아한다. 매컬로가 꽃을 피운
크로코스를 보기 위해 몸을 굽히고 있다.
"크로코스는 봄의 첫 신호입니다."

야생에서 자라는 필로덴드론은 매우 독특한 식물이다. 땅
에 뿌리를 내리고 자라기 시작하지만, 시간이 지나면 큰
나무 위로 자리를 옮겨 땅에 뿌리를 두지 않은 채 옮겨 간
나무에 의지하며 살아간다. 최근 필로덴드론은 실내식물
로도 큰 인기를 끌고 있다.

오른쪽 위: 긴 창과 같은 모양의 꽃을 피운 큰 용설란이 보인다. 용설란은 단 한 번 꽃을 피운 뒤 죽는다. 용설란 앞에는 멕시코 자생식물인 골든 배럴 선인장*Echinocatus grusonii*이 있다. 야생에서 이 선인장은 멸종 위기에 처해 있다.

"식물을 돌보는 일은 자신을 돌보는 방법을 배울 수 있는 가장 좋은 길이에요."

EDUARDO "ROTH" NEIRA

에두아르도 '로스' 네이라

열대우림 한가운데에 나무를 베지 않고 뉴에이지의 메카를 지을 수 있을까?
멕시코의 호텔 아줄리크를 만든 에두아르도 네이라가 내린 답은 간단했다.

"자연을 장애물로 생각하지 마세요." 에두아르도 네이라가 말한다. '로스'라는 이름으로 더 잘 알려진 그는 아줄리크 호텔과 복합 문화공간이자 미술관인 아줄리크 우 메이Azulik Uh May의 창립자이다. 호텔과 미술관은 툴룸에서 25킬로미터 정도 떨어진 곳에 위치해 있다. 미술관과 그곳의 정원은 정글에 둘러싸여 있다. 전통적인 양식을 완전히 벗어나는 로스의 건축과 디자인을 보여주는 좋은 사례이기도 하다.

캐노피에는 마치 나뭇가지 위의 새 둥지처럼 보이는 휴식 공간이 있다. 소용돌이 치는 덩굴 터널이 있고, 건물을 뚫고 공간 안쪽으로 들어온 나무가 다시 지붕 바깥으로 자라고 있기도 하다. 이 공간에는 야생과 미래적인 느낌이 공존한다. 정돈되지 않은 곡선 모양으로 시멘트와 목재가 물결치듯 뒤섞인 모습은 마치 영화 〈아바타〉 속 풍경을 보는 듯하다. 로스는 건축물을 짓는 동안 단 한 그루의 나무도 베어내지 않았다고 말한다. "자연을 존중해보세요. 어떤 깨달음을 얻을 수 있을 겁니다."

로스는 자연과 예술, 건축을 연결하고자 하는 사명으로 아줄리크 우 메이를 만들었다. "문명인으로서 우리는 의미를 잃어버리고 살고 있어요. 좀 이상하게 들릴지 모르지만, 저는 예술이 인간의 아주 근본적인 권리이고, 우리 삶을 다시 의미 있게 만드는 일이라고 생각합니다." 그가 말한다.

로스는 아줄리크를 짓는 프로젝트를 위해 어떤 디자인 과정을 거쳤을까? 놀랍게도 (어쩌면 놀랍지 않게도) 어떤 판에 박힌 청사진도 준비하지 준비하지 않았다고 한다. 대신 로스와 디자이너, 건축가, 공예가 들이 모여 기존 환경을 존중하며 건물을 지을 수 있는 최선의 방법을 찾고자 했다. 그들은 자연 속에서 함께 명상하고 사유하는 것으로 프로젝트를 시작했다. "우리는 무언가를 짓기 전에 먼저 자연에 허락을 구했어요." 로스가 말한다. 이후 그들의 일은 흐름에 따라 진행됐다. 매듭을 엮은 듯한 모습의 덩굴이 마크라메처럼 벽을 장식하고, 시멘트로 원뿔형 천막을 세우고, 뱀처럼 구불거리는 모양으로 캐노피까지 이어지는 통로를 만들었다.

미술관에서는 현대미술 전시뿐만 아니라 워크숍도 진행한다. 한 노르웨이 예술가는 해조류에서 냄새 분자를 분리해 그것을 다시 복제하여 특정 장소의 향에 관한 후각 경험을 체험하는 전시를 선보였다. 아줄리크는 끊임없이 진화한다. 이곳에 초대된 예술가들이 머물 숙소 공간, 나무 꼭대기에 떠 있는 듯한 레스토랑, 두 번째 미술관 등이 현재 지어지고 있다.

아줄리크의 건축학적 기발함은 지속 가능한 미래를 위해 '자연을 우선시하는' 가치관에서 탄생한 것이다. 로스는 미술관을 찾는 방문객들에게 늘 이렇게 이야기한다. "이곳이 특별한 이유는 건물의 아름다움 때문이 아닙니다. 이곳이 자연과 우리의 관계를 깨닫게 하기 때문이죠."

위: 이 공간은 '바위의 전당Hall of Stones'이
라 지었다. 이곳에 다섯 개의 큰 바위가 있
기 때문에 이런 이름을 붙였다. 로스는 이
곳이 명상을 위한 공간이라고 설명한다.

왼쪽: 이곳은 아줄리크의 전시 공간 '스퍼
이크Sfer Ik'이다. 다른 곳과 마찬가지로 이
건물 또한 이미 그 자리에 있던 식물들 사
이에 지은 것이다. 바나나무와 열대 세
크로피아나무가 보인다.

왼쪽: 이 공간은 원뿔 모양을 한 거실이다.
천장 아래에는 실내 정원이 있다. '건축은
자연과 인간의 창작을 연결하는 가장 좋은
수단'이라고 로스는 말한다. 잎에 무늬가
있는 칼라데아*Calathea ornata*와 구불거리
며 자라는 에피프레넘*Epipremnum aureum*
이 나무 기둥을 휘감아 올라가고 있다.

PHIL, DIANNE &
KATY HOWES

필, 다이앤, 케이티 하우즈

하우즈 가족은 미국 산타페 외곽에 펼쳐진 드넓은 목장에서 일한다.
그들은 미국 대규모 목장 커뮤니티의 전통적인 운영 방식을 따르면서
서부 지역의 야생을 복원하기 위해 환경에 필요한 모든 조치를 취하고 있다.

"가족 사업으로 시작했죠." 뉴멕시코 황무지에 자리한 자신의 집에서 필 하우즈가 운을 뗀다. 필은 원래 뉴멕시코주의 수렵 감시관이었다. 지금 그와 그의 가족은 사유지에서 목장을 운영하며 그들을 둘러싼 주변의 풍성하고 복잡한 생태계와 협력하고 있다. "이곳의 야생동물들을 위해 땅을 개선하는 일을 하고 있어요."

필과 식물학자인 그의 아내 다이앤 그리고 스물 두 살인 그들의 딸 케이티에게 '지속 가능성'이란 땅에 현재 필요한 것이 무엇인지 인식하고 그것의 안전한 미래를 만들어나가는 것을 의미한다. 철새들에겐 배불리 먹을 수 있는 씨앗을, 송어에겐 마음껏 헤엄칠 수 있는 깨끗한 강을 제공하는 것이다. 필은 농장을 운영하는 데에도 '건강한 방식과 그렇지 못한 방식'이 있다고 설명한다. 언제나 건강한 방식에 대해 고민하는 그는 과거 농장주들의 방식대로 땅을 뒤집어엎지 않고, 소들을 자유롭게 풀어놓는다. 그는 자연을 복원하는 방법과 소를 사육하는 일의 균형을 적절히 맞추려 하고 있다. 필과 다이앤은 대학에서 만났다. 필은 야생 생물학을 전공했다.

하우즈 가족은 지난 8년 동안 그들의 주의 깊은 관리가 환경을 어떻게 변화시키는지 지켜보았다. 예컨대 그들은 초원을 늘리기 위해 숲이 우거진 지역을 줄이고 토종 풀을 심었다. 이렇게 늘어난 초원 지대에 눈이 내리면 땅으로 눈이 스며들어 흙이 촉촉해지고, 녹은 눈이 강으로 흘러가면 물의 온도를 시원하게 낮출 수 있다.

필과 케이티가 좋아하는 송어가 살기에 더 좋은 환경이 되는 것이다. 하우즈 가족은 새들과 다람쥐들이 충분히 씨앗을 먹을 수 있도록 소나무나 관목 같은 나무를 심었다. 그들이 목장을 관리하기 시작한 후로 새나 다람쥐는 물론 야생 칠면조나 사슴 같은 다른 동물들의 개체수가 눈에 띄게 늘어났다. 하우즈 가족은 지금도 생태계가 건강한 기능을 찾아 번성할 수 있도록 환경을 조성하고 있다.

필은 뉴멕시코에서 자랐기에 인근의 거의 모든 식물과 동물에 대해 잘 알고 있다. 생태계에 대한 그의 철학은 어느 곳에나 적용된다. "인간은 우리가 속한 생태계의 가장 큰 단일 사용자입니다." 그는 말한다. "따라서 우리에겐 막대한 책임이 있어요. 여기서 '생태계'는 바다, 만년설, 로키산맥부터 사하라사막까지. 이 땅의 모든 것들을 의미합니다."

자연과 가까이 살지 않거나, 가까운 개울로 말을 타고 달려갈 수 없는 사람들에게 조언해달라고 부탁하자 그는 바로 대답했다. "지구의 생태계를 보전하고 지키는 건 특정 직업을 가진 일부 사람만의 일이 결코 아닙니다." 자연과 함께 한다는 건 우리 안의 예술성과 창의력을 일깨우는 일이라고 그는 덧붙인다. "주변에 무엇이 우리와 함께 하는지 둘러보고, 그들과 우리가 무엇을 주고받는지 이해하는 겁니다. 그 과정에서 우린 성장할 수 있어요. 그리고 성장은 우리를 더 나은 사람으로 만들죠."

케이티가 산타페에서 남쪽으로 22킬로
미터 떨어진 곳에 있는 갈리스테오 베이
슨Galisteo Basin 보호구역에 가기 위해 말
을 준비하고 있다. 그곳은 마른 개울과 사
암지대의 멋진 풍경, 광활한 사바나 초원
으로 유명한 곳이다. 하이킹과 승마도 할
수 있다.

케이티가 그의 말 클레오의 등에 안장을
얹는다. 클레오를 타고 아로요arroyo라고
불리는 간헐천을 건널 것이다.

"인간은 우리가 속한 생태계의 가장 큰 단일 사용자입니다. 따라서 우리에겐 막대한 책임이 있어요."

건조한 지역에는 거친 가시가 돋은 나무들이 많기 때문에 승마용 가죽 바지를 덧대어 다리를 보호한다. 카우보이 모자를 써서 강렬한 햇빛을 가리고, 빗물이 등으로 떨어지는 것을 막는다.

RON FINLEY

론 핀리

로스앤젤레스 중남부의 버려진 땅에 씨를 뿌렸던 론 핀리는 예상치 못한 것을 수확했다.
바로 지역 활동가로서 일하는 새로운 삶이었다. 프로젝트를 진행할 때마다 일에 대한 그의 동기는
점점 더 커지고 그 결실 또한 뿌리를 깊게 내리고 있다.

많은 사람이 정원을 돌보며 몸과 마음의 회복을 경험한다. 그리고 드물게는 정원 일을 통해 정치적 각성을 하게 되기도 한다. 론 핀리는 로스앤젤레스의 황폐한 중남부 지역에서 자라 패션 디자이너로 일하며 나름의 큰 성공을 이뤘다. 하지만 그에게 확고한 정치 의식을 갖게 한 것은 바로 정원 일이었다.

2012년 핀리는 테드 강연에서 그의 경험과 정치적 각성에 대한 이야기를 전했다. 그는 특유의 유머러스함으로 사람들을 사로잡았고, 강연은 현재 400만 뷰를 돌파했다. 핀리는 그가 사는 로스앤젤레스 중남부 지역을 '음식 사막'이라고 설명했다. 패스트푸드 체인점과 1달러 이하의 제품을 파는 염가 상점만 가득하기 때문이다. 신선한 채소나 과일이 원활하게 공급되지 못하는 탓에 이곳 주민들은 비만과 고혈압 등 식단과 관련한 심각한 질병을 앓고 있었다. 이런 절망적인 현실을 바꾸고 싶던 핀리는 그가 사는 곳 주변 길가의 공공 화단에 채소와 바나나나무를 심었다.

그러나 그 결과, 로스앤젤레스시에서는 공공 토지를 무단 점유했다는 이유로 그를 구속했다. 이에 사람들은 핀리를 당장 석방하라며 거세게 항의했고, 시에서는 결국 공공 화단에 식물을 심을 수 있도록 법규를 바꾸며 핀리를 석방했다. 이 사건으로 핀리는 새로운 일을 하게 된다. '커뮤니티 정원 활동가'로서 본격적으로 활동하게 된 것이다.

"정원 일은 치유 효과가 뛰어난 저항 행위입니다. 특히 도시에 사는 사람들에게는 더욱 그렇죠." 핀리는 이야기한다. "저는 정원이 교육의 도구로 쓰일 수 있다는 걸 직접 목격했죠. 이웃과 그들이 사는 지역을 더 낫게 만들 도구이기도 하고요."

핀리는 집에서 채소를 재배하고 정원을 가꾸는 일이 갖는 커다란 힘에 대해 이야기한다. 단순히 그가 살고 있는 로스앤젤레스 남부 지역뿐만 아니라 훨씬 큰 규모의 변화를 불러올 거라는 것이다. 자급자족을 하는 개인이 늘어난다면 저소득층의 악순환을 영속하게 하는 사회적, 정치적 시스템에 타격을 줄 수 있기 때문이다.

"전체 인구의 1%만 식량을 재배하는 데 동참해도 엄청난 변화가 생길 겁니다." 그가 말한다. "건강 관리부터 식료품을 사는 데 드는 돈까지, 얼마나 많은 비용을 절감할 수 있을지 생각해 보세요. 사람들이 직접 식량을 재배하는 일은 대단한 파급력을 가질 겁니다." 초보 정원사들에게 조언해 달라고 부탁하자 그는 유쾌하게 대답했다. "그냥 먹고 싶은 걸 심으세요."

핀리가 먹을거리를 재배하기 위해서만 정원 일을 하는 건 아니다. "오직 먹거리를 생산하기 위해서 식물을 심진 않아요. 아름다움을 위해서, 참여를 위해서 정원 일을 하죠. 저는 도시의 사회학자로서 질문을 던집니다. '어떻게 하면 도시 사람들이 익숙하지 않은 풍경에 관심을 갖고 동참하게 할 수 있을까?' 하고요."

핀리의 러시안맘모스 해바라기는 이웃 주민들에게 큰 관심을 받았다. 키가 3미터까지 자라고 꽃의 반경 또한 30센티미터에 달하는 이 해바라기는 이름처럼 압도적인 존재감을 자랑한다. "애들이 지나가다 멈춰 서서 물어요. '아저씨, 이거 진짜예요?' 이런 식물을 본 적이 한 번도 없는 거죠. 제가 바라는 참여는 바로 이런 것입니다."

핀리는 커뮤니티 정원에 식용 식물을 심어 그가 경험한 도
시의 식량 부족 문제를 해결하려 한다(그는 신선한 토마토
를 사기 위해 45분을 운전해 가야 했던 때를 회상한다). 그
의 프로젝트는 결실을 맺고 있다. 핀리가 정원에서 케이프
구스베리*Physalis peruviana*와 금귤을 수확하고 있다.

"저는 정원이 교육의 도구로 쓰일 수 있다는 걸 직접 목격했죠.
제 이웃과 그들이 사는 지역을 더 낫게 만들 수 있는 도구이기도 하고요."

오른쪽 사진에 보이는 곳은 선로 끝에 버려져 방치된 수영장이다. 그래피티가 그려진 이 바짝 마른 수영장에서 핀리는 다양한 용설란과 알로에, 무화과나무*Ficus carica* 화분을 키우고 있다. 핀리는 이곳에서 양봉도 한다.

핀리가 기르는 식물로는 다투라*Datura stramonium*, 부로 바나나나무, 아이스크림 바나나나무, 다양한 다육식물, 용설란, 드라세나*Dracaena trifasciata*, 자두나무, 석류나무, 크라슐라*Crassula ovata* 등이 있다.

ANJA

CHARBONNEAU

안야 샤르보노

안야 샤르보노는 대마초에 대한 관심을 공유하는 여성들과 자매애를 구축해왔다.
잡지 〈브로콜리〉의 창립자인 그는 식물 사용에 대한 지적인 대화의 장을 만들고,
'고급 문화'에 관한 날카롭고 세련된 이해를 전파하고 있다.

세계 여러 지역에서 대마초가 합법화되면서 이 식물의 사용에 관한 많은 비밀이 밝혀지고 있다. '잡초(weed, 대마초의 은어)를 좋아하는 여성들'이 만든 잡지 〈브로콜리Broccoli〉가 나온 것만 보아도 대마초에 관한 문화적 변화를 체감할 수 있다. 이 잡지는 대마초와 대마초를 즐기는 사람들에 관한 이야기를 담는다.

'대마초 애호가'이자 킨포크의 크리에이티브 디렉터였던 안야 샤르보노는 2017년 오레곤에서 〈브로콜리〉를 창간했다. 오레곤주에서 대마초가 합법화된 지 3년이 지난 시점이었다. 〈브로콜리〉는 틈새 시장을 장악했던 이전의 출판물과는 결을 달리하며 차별화된 콘셉트를 내세웠다. "대마초에 관한 이슈를 다루는 〈하이타임즈High Times〉 같은 잡지가 있긴 하지만, 주로 남성들의 취향과 그들이 사유하는 문화만을 대변하고 있죠." 샤르보노가 말한다. "하지만 저는 대마초를 즐기는 흥미롭고 창의적인 여성들이 많다는 걸 알고 있었어요. 우리도 뭔가 해야 한다고 생각했죠. 대마초에 관해 알고 싶은 여성들이 있을 테니까요."

그의 도박은 성과를 거둔다. 합법적으로 대마초를 사용하는 사람들을 타깃으로 하는 광고 의뢰가 들어왔고, 창간한 지 얼마 지나지 않아 다른 국가의 독자들에게도 알려지면서 국제적인 잡지로 자리 잡았다. 독자들은 그들이 대마초와 맺는 긍정적인 관계에 관해 다룬 기사를 보며 즐거워했다. "제가 예상도 하지 못했던 이들과 연결될 수 있었죠. 감동적이었어요." 그가 말한다. 〈브로콜리〉는 커뮤니티, 워크숍, 이벤트 등을 기획하며 대중적인 만남을 이어 가는 중이다. 또한 팟캐스트 방송을 통해 잡지를 보지 않는 사람들에게 잡지를 알리기도 했다.

〈브로콜리〉의 디자인은 기분 좋은 몽롱함을 표현한 이미지와 잘 정제된 그래픽 사이에서 미적 균형을 잡고 있다. 샤르보노는 〈브로콜리〉의 감각적인 디자인을 중요하게 여긴다. 〈브로콜리〉 첫 발행호의 커버에는 일본식 꽃꽂이 '이케바나' 스타일로 연출한 대마초 사진을 사용했다. "사람들은 대마초 하면 퀴퀴한 지하실에 있는 중독자의 모습이나 해변가에서 보는 기분 나쁜 그림 같은 이미지를 떠올리죠. 그렇지만 사실 대마초 자체는 굉장히 우아하고 아름다워요." 그가 설명한다.

〈브로콜리〉는 단순히 대마초에 관한 흥밋거리나 뉴스만을 전하지 않는다. 대마초와 대마초를 사용하는 사람들의 다양한 이야기를 담는다. 작곡가이자 음악 프로듀서였던, 지금은 고인이 된 앨리 윌리스와의 인터뷰를 예로 들 수 있다. 윌리스는 시트콤 〈프렌즈〉에 쓰인 테마 음악의 공동 작곡가로, 파티광으로 유명했던 인물이다. 그러나 반면 마약과의 전쟁으로 진통을 앓고 있는 라틴 아메리카 나라들과 그곳의 어린이들에 관한 이야기를 기사로 다루기도 했다. 이런 기사는 물론 대마초가 여전히 대부분의 국가에서 불법이라는 사실을 상기시킨다. 결국 〈브로콜리〉의 핵심 사명은 대마초 문화와 대마초를 사용하는 사람들의 커뮤니티가 좀 더 긍정적인 방향으로 갈 수 있도록 힘을 보태는 일일 것이다. "대마초를 언제 처음으로 접했느냐고 물으면 '너무 힘들고 충격적인 일을 당했을 때'라고 답하는 분들이 가장 많아요. 이런 분들은 자신이 겪은 커다란 삶의 전환에 관해 흥미로운 이야기들을 들려주죠. 우리는 서로의 경험을 공유하면서 특별한 연대감을 느껴요. 흔치 않은 위안이죠."

〈브로콜리〉 창간호에 참여한 플로리스트 에이미 메릭은 마 질감의 바탕에 꽃꽂이를 연출했고, 샤르보노가 사진 촬영을 했다. 〈브로콜리〉의 편집자는 샤르보노가 종종 위 사진 속 공간에서 책을 읽는 모습을 볼 수 있다고 말한다. "저는 중고 서점에서 오래된 사진첩을 찾는 일을 좋아해요." 샤르보노가 말한다.

샤르보노는 포틀랜드의 란수 중국 정원 근처에 살고 있다. 중국 장쑤성의 쑤저우와 포틀랜드가 협업하여 만든 이 정원은 아름다운 매화나무로 유명하다.

〈브로콜리〉의 2020년 봄 호 표지에는 꽃이 흡연을 하는 듯한 사진이 실렸다. 칼 오스트베르그가 스타일링한 이미지다. 샤르보노가 설명한다. "우리는 자주 꽃을 활용합니다. 사람들에게 대마초가 접근하기 어렵지 않고, 편안하다는 느낌을 줄 수 있기 때문이죠. 꽃은 누구나 쉽게 이해할 수 있으니까요."

SKOGSKYRKOGÅRDEN

스코그쉬르코고르덴 묘지공원

아름답게 설계된 묘지공원은 훌륭한 공공 정원이 되기도 한다.
스톡홀름 외곽에 있는 아름다운 스코그쉬르코고르덴 묘지공원은 지난 100여 년 동안
지역 주민들에게 영혼의 안식처가 되어주었다.

열두 그루의 오래된 느릅나무가 서 있는 스코그쉬르코고르덴의 산책로에는 고요함이 가득하다. 스톡홀름 남쪽에 있는 스코그쉬르코고르덴은 유네스코 세계 문화유산에 등재된 공동묘지다. 지면 위로 피어난 은은한 꽃향기가 소나무가 뿜어내는 야생의 향기와 섞인다. 작은 언덕 위에 거친 화강석으로 만든 벽이 지역 주민들이 추억과 슬픔을 나누는 공간을 감싸고 있다. 숲 아래를 비추는 밝은 빛이 '믿음', '희망', '거룩한 십자가'라는 이름이 붙은 세 예배당의 부드러운 사암 벽을 감싼다. 세 예배당 건물 뒤에는 비바람에 풍화된 굴뚝이 서 있다.

지난 세기 초 스코그쉬르코고르덴이 만들어질 당시, 사람들은 일반적으로 묘지를 '죽은 자의 정원'이나 고인을 위한 거창한 기념비를 세우는 곳 정도로 생각했다. 그러나 건축가 시구르드 레베렌츠와 군나르 아스플룬드는 조금 다른 것을 제안했다. 두 사람은 화려한 장관을 연출하는 것 대신 원래의 경관을 보완하여 건축물과 자연이 이질감 없이 통합된 모습으로 보이길 바랐다.

1915년 스톡홀름 시의회는 스코그쉬르코고르덴 공동묘지를 조성하기 위해 건축공모전을 열었고, 여기서 우승한 레베렌츠와 아스플룬드는 그 뒤 30년에 걸쳐 건축물과 대지를 개발했다. 두 건축가는 고전적 요소에 임숙한 분위기의 북유럽 모더니즘을 혼합하여 20세기의 고대 건축 양식을 선보였다. 건축역사학자 캐롤라인 콘스탄트는 스코그쉬르코고르덴의 건축물과 그것을 둘러싸고 있는 거대한 잔디밭과 숲이 영적인 풍경을 만든다고 설명했다. 그는 이 공동묘지가 '애도'라는 사적이고 공통적인 경험을 기반으로 사람들이 자연과 일체감을 느끼도록 설계된 공간이라고 했다.

오늘날에도 추모객들은 여전히 스웨덴 마가목이 우거진 토스카나식 현관을 지나 판석이 깔린 길 위의 예배당으로 향한다. 오랜 산화 작용으로 붉은빛을 띠는 바위가 예배당의 테를 두르고 있다. 오솔길은 화강암으로 만든 커다란 십자가가 하늘을 보며 우뚝 서 있는 비탈진 잔디밭으로 이어지고, 낮은 등선이 완만하게 이어지며 줄지어 서 있는 키 큰 침엽수들과 자작나무 숲이 보이는 탁트인 남쪽 풍경이 펼쳐진다. 키 큰 소나무 사이로 자갈길이 들어서 있고, 넓게 펼쳐진 숲에는 10만 개가 넘는 묘비 표지석이 엄숙하게 늘어서 있다.

한해살이 꽃이 핀 작은 화단이 회색 묘비 표지석 앞을 밝힌다. '부활' 예배당의 코린트식 현관의 회색 기둥은 주변에 늘어선 나무 기둥의 그림자와 닮아 있다. 명상의 길과 그늘진 행렬로, 수목장지와 예배당 산책로는 떠난 자의 영혼과 살아 있는 사람들이 평화로이 함께 지낼 수 있는 공간이 되어준다.

굴곡이 심한 자갈밭 부지에 지어진 스코그쉬르코고르덴은 의도적으로 불규칙하게 디자인됐다. 중세 북유럽 전통 매장 풍습에서 영감을 얻어 묘지를 지나치게 일률적으로 정렬하지 않았고, 삼림 지대를 넓게 드러냈다. 왼쪽 사진에 보이는 화강석 십자가는 1939년 아스플룬드가 추가한 것이다.

오른쪽: 이 건축물은 스코그쉬르코고르덴의 화장터이다. 1930년대 스웨덴에서 유행했던 기능주의적 원칙에 따라 디자인됐다. 아스플룬드는 방문객들이 묘지의 풍경을 보며 애도할 수 있도록 세 개의 예배당 사이에 대기실과 정원을 만들었다.

다섯 가지 팁

오래전부터 정원은 사람들을 불러 모으는 장소였다. 당신이 씨앗을 심고 식물을 기른다면 그 결실을 나눌 기회가 생길 것이다. 이번 장에서는 따라하기 쉬운 원예 기법과 함께 식물과 관련된 커뮤니티를 만드는 방법이나 커뮤니티에 참여하는 방법 등에 관해 이야기할 것이다. 정원에서 직접 꽃을 수확해 좋아하는 사람들과 나누고 싶다거나, 공공 정원을 조성하는 일에 참여하며 새로운 사람들과 유대감을 꽃피우고 싶다면, 지금 이야기하는 팁들이 도움이 될 것이다.

How to Plant Some Roots

뿌 리 를 내 리 게 하 는 법

글: 멜리사 매빗Melissa Mabbitt

정원에 관한 글을 쓰는 작가, 편집자, 원예사

1. 꽃말로 마음 전하기

수십 년 전만 해도 사람들은 꽃말의 의미를 적절히 활용해 자신의 마음을 전하곤 했다. 그러나 빅토리아 시대부터 이러한 꽃의 언어는 서서히 사라져버리고 말았다. '사랑'의 장미, '평화'의 올리브 정도가 남아 있을 뿐이다. 요즘 우리는 축하 문구가 적힌 카드, 문자 메시지 등으로 빠르고 간편하게 마음을 전한다. 그러나 꽃에 깃든 꽃말을 활용하여 좀 더 섬세하게, 상상력을 자극하는 방식으로 진심을 전해보는 건 어떨까.

수선화는 '새로운 시작'을 상징한다. 새로 이사한 친구나 이제 부모가 된 사람들에게 수선화 꽃다발을 선물해 보면 어떨까. 황금색으로 빛나는 수선화는 그들의 집을 환하게 밝히고 기쁨과 희망을 선사할 것이다.

새로 이직하는 친구가 있다면 앵초를 보내보자. 앵초의 밝은 꽃잎과 구부러지지 않는 줄기는 '자신감'을 표현한다. 사업에 낙심한 친구가 있다면 그에게 붓꽃을 보내 주자. '용기'를 북돋워줄 것이다. 혹은 선인장을 보내도 좋다. 선인장만큼 '회복력'을 잘 표현하는 식물은 없으니까. 몸이 아픈 지인에게는 세이지와 캐모마일 같은 향기로운 허브를 선물하자. 작은 소국은 '따뜻함'을, 회향꽃은 '강인함'을 상징한다. 밝은 색의 샐비어는 회복 중에 있는 사랑하는 사람에게 활력을 전하는 메시지가 될 수 있다. 수수께끼 같은 뉘앙스를 전하고 싶을 때든, 붉은 장미처럼 명백한 사랑의 열정을 전하고 싶을 때든, 꽃의 상징을 빌어 당신의 메시지를 전해 보자. 상대는 직관적으로 당신의 마음을 알아차릴 것이다.

대부분의 정원사는 그들이 키우는 식물로부터 위안을 얻는다. 식물들은 살아 있는 존재이지만, 돌봄 외에는 다른 무엇도 요구하지 않는다. 식물을 돌보며 우리는 그들의 친구나 부모가 된 것처럼 느끼게 되기도 한다.

식물에 말을 거는 일은 오랫동안 비웃음을 받아왔지만, 여전히 많은 정원사들이 식물에 속삭이며 격려를 보내고, 꽃이 시들다 싶으면 퇴비 더미를 나무라기도 한다. 다윈 또한 이 주제에 관해 조사한 적이 있으며, 다른 많은 연구자들도 비록 뚜렷한 결론을 맺지는 못했지만 이 주제를 파고들었다. 영국 왕립원예협회의 한 연구에서는 식물이 여성의 목소리에 잘 반응한다고 주장하기도 했다. 또 다른 실험에서는 식물들끼리 서로 땅

아래에서 신호를 보내며 소통한다는 사실을 밝히기도 했다.

우리가 호흡하는 중에 내뱉는 이산화탄소가 식물의 성장을 촉진한다는 이야기도 있지만, 식물에게 말을 거는 일이 그들을 돌보는 데 도움이 되는 건 당연하다. 식물에게 말을 건다는 건 식물을 지켜보고 시간을 함께 보낸다는 뜻이기 때문이다. 따라서 식물에 생긴 문제를 금방 알아차릴 수 있고, 그에 맞게 돌볼 수 있을 것이다. 노래를 해도 좋고 시 암송을 해도 좋다. 잔소리를 해도 좋고 칭찬을 속삭여도 좋다. 그냥 당신의 손길을 필요로 하는 사랑스러운 식물들을 돌보는 동안 무엇이든 시도해 보자.

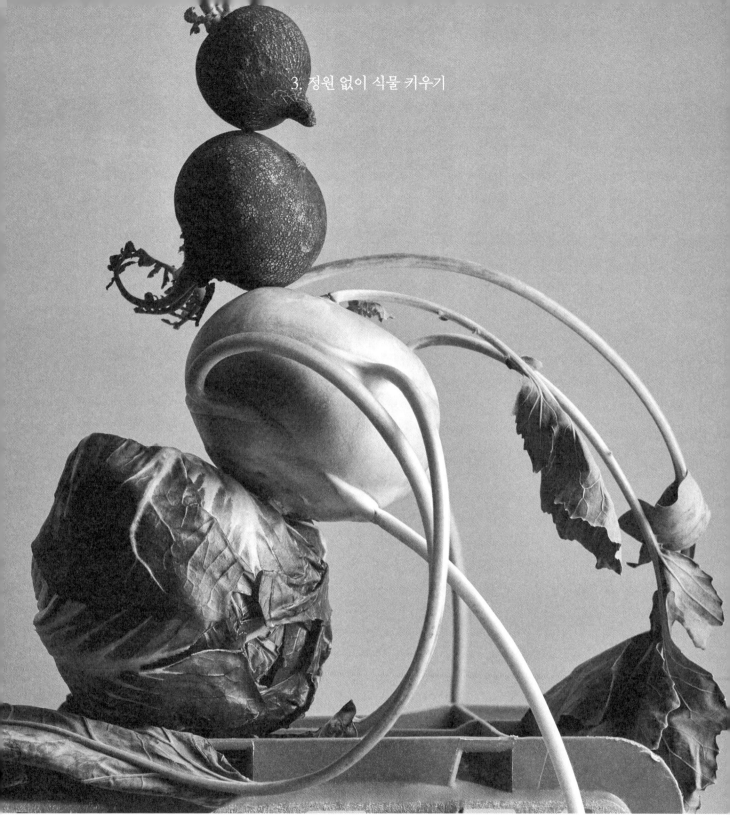

텃밭이 없어도 집에서 직접 키운 신선한 재료를 식탁에 올릴 방법이 있다. 상추, 무, 비트 같은 샐러드 채소는 작은 용기에서도 잘 자란다. 창가의 화단이든 벽에 만든 수직 정원(플랜트 월)이든 햇빛이 드는 곳이라면 어디든 식물을 키울 수 있다. 가벼운 무게의 화분을 사용하고, 화분에서 물이 잘 빠지도록 배수 구멍을 충분히 만들어 두자.

아주 작은 공간에서도 과일과 채소를 키울 수 있다. '텀블링 톰 레드' 혹은 '텀블링 벨라' 같은 토마토처럼 걸어 두고 키울 수 있는 행잉 플랜트를 시도해봐도 좋다. 단 행잉 플랜트는 빨리 건조해지므로 매일 물을 줘야 하며, 매주 액상 비료를 줘야 한다. 또한, 토마토는 여름에 여섯 시간 이상

햇빛을 받아야 한다는 사실도 잊지 말아야 한다. '루비 뷰티' 같은 라즈베리 품종과 '오팔' 같은 블랙베리 품종 등 작은 줄기 식물은 화분에서도 잘 자란다. 딸기 또한 수직 정원이나 행잉 플랜트로 시도하기 좋다.

식용 식물들은 의외로 실내에서 잘 자란다. 고구마는 하트 모양의 잎을 지닌 덩굴식물인데, 책장 혹은 벽에 걸어서 키우면 잎을 늘어뜨리며 쑥쑥 자란다. 작은 감귤나무와 파인애플도 실내식물로 적절하다. 따뜻한 기온을 좋아하는 히비스커스의 부드럽고 아름다운 꽃은 보기에도 좋고 케이크나 칵테일을 장식하는 데 유용하게 쓰인다.

꺾꽂이는 식물의 가지를 잘라 다시 심은 뒤 뿌리를 내리게 하는 것을 말한다.

가장 흔히 쓰이는 삽목 방식은 '소프트우드' 방식으로, 말 그대로 이제 막 초록색 잎이 나온 부드럽고 어린 나뭇가지를 사용하는 것이다. 늦봄 혹은 이른 여름에 잘라낸 부드러운 줄기를 쓰면 된다. 깨끗한 전지가위를 사용해 식물의 가지를 약 5~10센티미터 정도로 잘라낸다. 꽃송이가 달리지 않고 잎이 많은 가지여야 한다. 맨 위의 두 잎 정도만 남기고 잎을 모두 떼어낸다. 이때 줄기를 지나치게 세게 눌러서 찢어지거나 끊어지지 않도록 조심스레 다뤄야한다. 다음 잎눈(줄기에서 잎이 나오는 지점) 아래에서 줄기를

다시 한 번 잘라준다. 삽목을 위해 잘라낸 가지는 곧바로 물을 넣은 비닐에 담아 습도를 유지한 채 집까지 가져오는 것이 좋다.

물이 든 용기에 잘라온 나뭇가지를 넣고 기다린다. 나뭇가지에 뿌리가 생기기 시작하면 자갈을 한 줌 정도 섞은 퇴비로 화분을 채우고, 그 안에 나뭇가지를 심는다. 물을 조금 준 뒤 화분 위로 비닐 봉투를 씌워 고무 밴드로 고정한다. 빛이 잘 드는 창턱에 화분을 두고, 퇴비가 마르지 않는지 며칠마다 점검한다. 몇 주가 지나면 뿌리가 내릴 것이고, 꺾어온 나뭇가지는 어린 식물로 변신할 것이다.

5. 게릴라 가드닝 프로젝트

15년 전쯤, '게릴라 가드닝'이 런던 신문의 헤드라인을 장식한 적이 있다. 도시에 정원이 사라지는 것을 안타까워하던 정원사 리처드 레이놀즈가 어느 날 밤 런던 길거리와 도로 갓길, 회전교차로에 방치된 화단에 몰래 꽃과 식물을 심은 것이다. 우리는 어떻게 게릴라 가드닝에 동참할 수 있을까? 지역 커뮤니티에 가입해도 좋고, 직접 윤리적인 게릴라 가드닝을 펼쳐도 좋다. 집 근처부터 시작해보자. 건물 입구 같은 곳에 관리되지 않은 화단이 있는지 살피자. 도로 가로수 밫치에 라벤더를 심을 수 있는 작은 공간이 있을 수도 있다. 오래된 벽에도 식물을 심을 수 있는 공간이 있다. 균열이 생긴 벽 틈에 세둠이나 셈페르비붐 같은 식물을 심어 보자. 이 식물들은 특별한 관리가 필요하지도 않다. 게릴라 가드닝을 실천하는 가장 쉬운 방법은 봄에 씨를 뿌리는 일일 것이다. 빠르게 발아하는 씨앗을 골라 바닥의 흙을 살짝 긁어내 심어보자. 특히 가뭄에 강한 일년생 양귀비꽃이나 한련화, 톱풀, 메리골드를 추천한다.

런던의 해머스미스나 풀햄, 독일의 뮌헨 같은 도시에서는 개인이 공공 장소의 환경을 개선하는 일을 환영하고 있다. 그러나 자신의 소유가 아닌 땅에 식물을 심는 행위는 불법일 수 있다는 점을 참고하자. 게릴라 가드닝을 시작하기 전에 자신이 살고 있는 지역의 지방자치단체 등에 식물을 심어도 될지 문의해 보는 것이 좋겠다.

Books

정원에 관한 책들

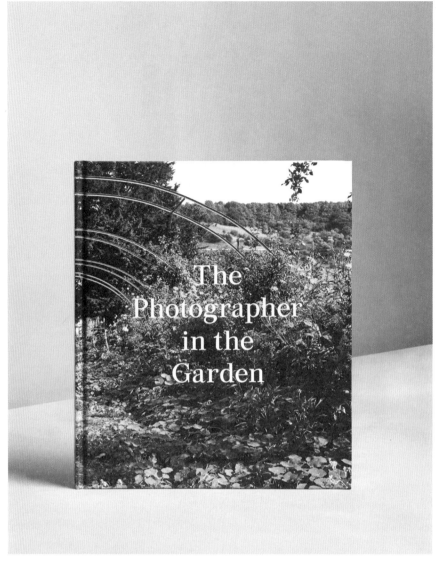

우리는 종종 정원을(그리고 정원이 우리에게 선사하는 자부심을) 사진으로 찍어 다른 이들에게 자랑하곤 한다. 『정원의 사진가The Photographer in the Garden』는 정원의 풍성한 역사를 소개하며, 정원의 화려함을 어떻게 사진으로 포착할 수 있는가에 관해 설명한다.

꽃다발은 순간을 위해 존재하는 값비싼 선물이다. 그러나 꽃꽂이에 대한 조언은 평생 활용할 수 있는 선물이다. 『꽃에 대하여 On Flowers』는 원예 예술에 대한 에이미 메릭의 귀한 지식이 담겨있는 책이다.

정원에서 키운 것들은 주방의 재료가 되기도 한다. 『정원의 셰프The Garden Chef』는 텃밭 정원에서 재배할 수 있는 채소를 활용한 100여 개의 요리 레시피를 소개하는 책이다. 주로 야외에서 즐기기 좋은 요리가 많다.

바르셀로나에서 발행되는 잡지 〈더 플랜트 The Plant〉는 식물을 사랑하는 지역 사람들의 창의적인 커뮤니티를 소개하며, 식물에 관한 주제를 깊이 있게 다룬다.

『가드니스타Gardenista』는 정원이나 테라스 등 야외 공간을 디자인하는 수백 가지 방법을 소개하는 실용서다.

감사의 글

이 책을 만드는 과정에서 저희를 아름다운 정원으로, 스튜디오로 초대해 주고 시간을 내어준 모든 분들께 진심으로 감사를 전합니다. 바쁜 시간을 할애해 인터뷰에 응해 주셨고, 귀중한 노하우들을 제공해주셨습니다. 더불어 이 책에 담긴 이야기에 생명을 불어넣어 준 세계 각지의 실력 있는 작가와 사진작가 분들께도 감사를 전합니다. 〈킨포크〉는 여러분과 협력할 수 있고, 여러분의 작품을 출간할 수 있다는 사실을 영광으로 생각합니다. 특히 다양한 팁과 노하우를 제공해 준 멜리사 매빗, 에이미 메릭, 대릴 청에게, 그리고 아름다운 이미지를 연출해 준 로런 부드로와 샌디 뤼케 놀쇠에게도 감사의 마음을 전합니다.

이 책의 크리에이티브 팀이었던 존 번스, 스태판 선드스트롬, 해리엇 피치 리틀, 줄리 프로인트 폴센과 가브리엘레 델리산티에게 감사합니다. 여러분의 노력이 없었더라면 프로젝트를 완성할 수 없었을 겁니다.

킨포크의 다른 구성원들에게도 감사를 전합니다. 크리스티안 뮐러 아네르센, 세실리에 예그센, 알렉스 헌팅, 박철준, 정성택 그리고 네이선 윌리엄스. 더불어 피드백을 담당해준 에이미 우드로프에게도 감사를 전합니다.

아름다운 표지 이미지를 제작해준 사진작가 사라 블라이스, 스타일리스트 앤 톤루스, 헤어와 메이크업 아티스트 사빈 시멜해그, 세트 디자이너 요하네 에우레벡과 커버 디자이너 카산드라 브래드필드에게 감사의 마음을 전하고 싶습니다.

킨포크에 대한 지속적인 지원과 프로젝트 전반에 관한 조언과 피드백을 아끼지 않았던 아티산 북스Artisan Books 출판사의 리아 로넨에게 감사드립니다. 기술적인 피드백과 수고를 해준 팀원 브리짓 먼로 이트킨, 자크 그린월드, 낸시 머레이, 벨라 레모스와 이 책에 생명을 불어넣어 준 테리사 콜리어, 알리슨 맥기혼과 에이미 카탄 마이컬슨에게도 진심으로 감사드립니다.

마지막으로, 독자 여러분의 지속적인 성원에 대해 깊은 감사를 전합니다.

Credits

존 번스 John Burns

일상의 아름다움을 미니멀한 사진과 글로 담아내는 캐주얼 라이프스타일 매거진 〈KINFOLK〉의 편집장.

2011년 포틀랜드에서 시작된 〈킨포크〉는 소박하고 단순한 삶을 지향하는 예술가들의 커뮤니티로, 자연 친화적이고 건강한 생활양식을 추구하는 잡지와 책을 출간한다. 절제된 글과 감각적인 사진, 새로운 삶의 태도가 담긴 계간지 〈킨포크〉는 출간되자마자 전 세계의 젊은 세대를 매료했고 미국은 물론 유럽, 호주, 일본까지 급속도로 퍼져나가 수많은 킨포크족을 낳으며 그들의 라이프스타일을 '빠름에서 느림으로, 홀로에서 함께로, 복잡함에서 단순함으로' 바꾸고 있다.

옮긴이 오경아

작가이자 가든 디자이너. 영국 리틀칼리지와 에식스대학교에서 가든 디자인을 공부했다. 현재 가든디자인스튜디오를 운영하며 정원을 디자인하고 있다. 스타필드 위례, 부천, 부산 명지 등의 상업공간 가든 디자인과 '한글정원', '도시정원사의 하루', 'Pot-able garden' 등의 작품 전시, 국립공원 명품마을을 포함한 다수의 아웃도어 브랜딩 작업까지 정원을 통합적으로 디자인하는 데 주력해왔다. 정원에 대한 이해를 돕는 10여 권의 저서를 집필했고 번역에도 꾸준히 참여해왔다. 모든 프로젝트에서 '정원은 보여주는 공간이 아니라 그곳에 사는 사람들의 삶의 철학과 생활이 녹아 있는 살아 있는 주거환경'이라는 가치를 심는 데 집중했고, 더 나은 아름다움의 연출을 위해 다양한 분야의 예술가들과 협업을 지속하고 있다.

THE KINFOLK GARDEN
킨 포 크 가 든

펴낸날 초판 1쇄 2021년 10월 1일
　　　　초판 6쇄 2024년 10월 31일
지은이 존 번스
옮긴이 오경아
펴낸이 이주애, 홍영완
편집장 최혜리
편집2팀 홍은비, 박효주, 문주영, 이정미
편집 양혜영, 유승재, 박주희, 장종철, 김애리, 강민우,
　　　김하영, 김혜원
디자인 김주연, 박아형, 기조숙, 윤신혜, 윤소정
마케팅 김미소, 김지윤, 김태윤, 김예인
해외기획 정미현
경영지원 박소현
펴낸곳 (주)윌북　출판등록 제2006-000017호
주소 10881 경기도 파주시 광인사길 217
홈페이지 willbookspub.com
전화 031-955-3777　팩스 031-955-3778
블로그 blog.naver.com/willbooks　포스트 post.naver.com/willbooks
트위터 @onwillbooks　인스타그램 @willbooks_pub
ISBN 979-11-5581-401-7 13520

First published in the United States as

THE KINFOLK GARDEN: How to Live with Nature

Copyright © 2020 by Kinfolk ApS
Cover photographs copyright © 2020 by Zoltán Tombor
Book Design: Staffan Sundström & Julie Freund-Poulsen
Illustrations: Courtesy of Rijksmuseum
All rights reserved
This Korean edition was published by Will Books Publishing Co. in 2021
by arrangement with Artisan Books, a Division of Workman Publishing
Co., Inc., New York through KCC(Korea Copyright Center Inc.), Seoul.

책값은 뒤표지에 있습니다.
잘못 만들어진 책은 구매하신 서점에서 바꿔드립니다.